3-6岁儿童
嫉妒结构、发展特点
及相关因素研究

陈俊嬴 著

九州出版社
JIUZHOUPRESS

图书在版编目（CIP）数据

3-6岁儿童嫉妒结构、发展特点及相关因素研究 / 陈俊赢著. -- 北京：九州出版社，2023.7（2024.1重印）

ISBN 978-7-5225-2000-1

Ⅰ．①3… Ⅱ．①陈… Ⅲ．①儿童－嫉妒－情绪－自我控制－研究 Ⅳ．①B842.6

中国国家版本馆CIP数据核字(2023)第132024号

3-6岁儿童嫉妒结构、发展特点及相关因素研究

作　者	陈俊赢　著	
责任编辑	杨鑫垚	
出版发行	九州出版社	
地　址	北京市西城区阜外大街甲 35 号（100037）	
发行电话	(010) 68992190/3/5/6	
网　址	www.jiuzhoupress.com	
印　刷	永清县晔盛亚胶印有限公司	
开　本	880 毫米×1230 毫米　32 开	
印　张	6.75	
字　数	160 千字	
版　次	2023 年 8 月第 1 版	
印　次	2024 年 1 月第 2 次印刷	
书　号	ISBN 978-7-5225-2000-1	
定　价	68.00 元	

目 录

引 言

古往今来，嫉妒（jealousy）作为一种人类常见的社会情绪，几乎每个人都多多少少地体验过，它存在于人类社会生活的方方面面。弗洛伊德从消极情绪的角度解释嫉妒，他认为常人嫉妒之心根源于俄狄浦斯恋母情结，若无嫉妒之心，则会产生严重的压抑情绪[1]。由此可见，嫉妒与意识中的情绪息息相关，影响着人类的社会生活。另外嫉妒也普遍存在于世界各国的文化与生活中。

在西方宗教典籍《圣经的故事》中，亚当与夏娃的次子亚伯因上帝只接受了哥哥该隐的祭品，因嫉妒上帝垂青于哥哥而杀死了他。在人类社会中，嫉妒也会导致人际冲突和攻击行为[2, 3]。不仅如此，在自然界中，因争夺资源而产生的嫉妒同样会引发动物之间的相互攻击行为[4]。轻微的嫉妒情绪会导致人际紧张或出现资源竞争，严重的嫉妒情绪则会导致人际冲突，甚至是出现暴力行为。此外，嫉妒在临床诊断中，被视为偏执型人格障碍、妄想症等心理障碍的一种重要症状。偏执型人格障碍患者往往会多疑、敏感、偏执、嫉妒他人[5]。妄想症患者则较多表现出精神障碍、犯罪行为、暴力倾向。他们嫉妒的对象往往是周围的同性，常常会将其假想为敌人，甚至杀害嫉妒对象[6]。前人研究表明，嫉妒情绪会导致沮丧、敌对、怀恨在心等情绪的产生，甚至会产生攻击行为、出现暴力事件，更为严重的会产生自杀倾向及犯罪行为[7]。嫉妒作为一种自我意识情绪，是指个体已有的某种重要关系受到威胁或面临丧失时所体验到的一系列消极情绪，在激发和调节个体的社会适应性与社会能力方面发挥着重要的作用。因此，探讨嫉妒情绪的产生和发展有助于缓解人际紧张、避免暴力事件的发生，有助于解决个体的心理问题，改善社会情绪能力，从而促进个体幸福感、人际关系和谐及社会稳定发展。

本研究在梳理已有幼儿嫉妒理论研究和实证研究的基础之上，对3~6岁儿童嫉妒的结构、发展特点及其相关影响因素进行研究和讨论。具体包括五个研究：

研究1：3~6岁儿童嫉妒结构的研究。依据理论建构，结合教师和家长开放式问卷进行质化分析，得到了幼儿嫉妒的描述性结构。并在此基础之上编制了包含33个项目的"3~6岁儿童嫉妒教师评定问卷"并进行测评，并通过项目分析、探索性因素分析及验证性因素分析等量化的分析手段，得到幼儿嫉妒的结构由关系威胁和自尊威胁两部分组成的这一结论，再运用信度（内部一致性信度、分半信度、重测信度、评分者一致性信度）和效度（内容效度、结构效度、构念效度）指标对问卷进行验证。

研究2：3~6岁儿童嫉妒发展特点的研究。通过量化研究方法，采用3~6岁儿童嫉妒教师评定问卷和幼儿嫉妒情境实验的方法，从嫉妒及其两个维度出发，考察幼儿嫉妒随年龄发展的趋势与性别差异。在此基础上，通过质化研究，分别对幼儿园小、中、大班幼儿嫉妒特点及其行为表现进行探讨。

研究3：4~6岁幼儿抑制控制、心理理论与嫉妒的关系研究。本研究通过嫉妒情境实验、抑制控制与心理理论实验任务，运用中介效应检验方法，研究抑制控制、心理理论与幼儿嫉妒的关系，旨在探讨抑制控制、心理理论对4~6岁幼儿嫉妒的影响。

研究 4：同胞关系的头胎幼儿的嫉妒发展特点研究。本研究通过笔者自编的嫉妒问卷来考察同胞关系下头胎幼儿嫉妒的心理，探讨头胎幼儿的性别差异、年龄差异、同胞性别一致性差异与同胞年龄差距的差异。

研究 5：同胞关系头胎幼儿的嫉妒、情绪调节能力与父亲教养方式的关系研究。通过问卷调查法，来探究同胞关系头胎幼儿的父亲教养方式。深入研究头胎幼儿的嫉妒与情绪调节能力、父亲教养方式的关系，以及父亲教养方式是否在头胎幼儿嫉妒与情绪调节能力关系之间起到调节作用。

在对上述 5 项研究结果进行分析与讨论的基础之上，本研究综合探讨了 3~6 岁儿童嫉妒的结构、发展特点及其相关影响因素等问题，并得出以下结论：

1. 编制的 3~6 岁儿童嫉妒教师评定问卷具有良好的信度和效度，可以作为测查中国幼儿嫉妒发展的有效工具。

2. 3~6 岁儿童嫉妒由关系威胁和自尊威胁两个维度构成。

3. 3~6 岁儿童嫉妒水平随年龄的增长呈下降趋势，男孩嫉妒水平高于女孩。

4. 幼儿园小班幼儿属于自我感受型，幼儿园中班幼儿属于他我感受型，幼儿园大班幼儿属于权威感受型。

5. 抑制控制对幼儿嫉妒具有直接的预测效力，抑制控制以心理理论为中介变量间接地作用于幼儿嫉妒。

6. 头胎幼儿的年龄在嫉妒总分、自尊威胁上结果差异显著。

7. 父亲教养方式与情绪调节能力对头胎儿童嫉妒均有显著的负向预测作用。

8. 同胞关系下头胎幼儿的父亲教养方式在情绪调节能力与嫉妒间具有调节作用。

第一部分 文献综述与理论研究

1 嫉妒及其相关概念的概述

嫉妒（Jealousy）是自我意识情绪的主要成分之一，本研究以自我意识情绪（self-conscious emotions）为理论基础和框架进行研究。

1.1 嫉妒的界定

1.1.1 自我意识情绪的概念

自我意识情绪的研究最早源于 Darwin《人类和动物的情绪表达》（*The expression of the emotions in man and animals*）中首次提出的自我意识情绪的概念："3 岁的幼儿开始产生自我意识，随之而产生的还有害羞、羞耻和内疚等情绪，这是对自我关注的情绪成分，它们不仅是对自我表现的情绪反应，更是对他人如何看待我们自己这一问题的一种反应。"[8] 由此引发了众多学者对自我意识情绪的关注。Lewis 认为就评价角度而言，与基本情绪相比，自我意识情绪系统更加复杂化，它指在对自我认知逐步产生的基础之上，由自我反思与自我归因而产生的情绪和情感[9]。Tracy 和 Robins 认为自我意识情绪是涉及自我卷入的一类特殊的情绪，包括嫉妒（jealousy）、尴尬（embarrassment）、羞耻（shame）、内疚（guilt）、自豪（pride）等，并且对激发和调节人类的思想、情感及行为方面具有举足轻重的作用[10, 11]。

此外，我国学者则认为，自我意识情绪作为一种由自我介入的较为高级的情绪，涉及对自我意识的损伤或加强，即自我意识情绪[12]。而这仅是从自我意识层面进行的定义，嫉妒作为一种自我意识情绪，具有其独立的概念和内涵。

1.1.2 嫉妒的概念界定

嫉妒（Jealousy）一词从语义学角度来看，最早起源于希腊语"zelos"，主要指一种具有热情的、争胜的、强烈的情感[13]。在《牛津英语词典》中"jealousy"多指爱情方面，因竞争者的出现而引发的一种心理状态，表现为害怕在情感上被他人所取代或对伴侣忠诚度的猜疑，多发生在夫妻和情侣之间。而在《心理学词典》中，认为嫉妒即猜忌，一般指焦虑形成的一种特殊情绪状态，被认为是由于在对所爱之人的情感中缺乏一种安全感所致。猜忌直接指向由于个体感知到了竞争者得到了被爱者的情感[14]。

从心理学角度来看，有些学者将嫉妒定义在情绪范畴，认为嫉妒的产生伴随着一定的情绪反应，是一种消极的情绪体验。如诧摩武俊认为嫉妒者由于觊觎他人所处的优越地位，故此而产生想要排挤或胜过他人，甚至产生"将其一脚踢到山下"的一种带有激烈的憎恨的情绪。虽然他强调了嫉妒会引发一系列的消极情绪，但却混淆了嫉妒与妒忌的概念。休谟指出了嫉妒发生的时空性，认为嫉妒是由他人所体验到的某种快乐刺激所引发的，与此相比他人的快乐却削弱了自己的快乐，而且我们只会嫉妒那些与自己紧密相连的人，而不会嫉妒来自不同时代的人[15]。Pines和Aronson认为，嫉妒人人都有所体会，作为一种生理、情感及精神层面的消极状态，会表现出苦恼、愤懑、焦虑、沮丧等，甚至会导致心跳加速、胃部排空、紧张不安、焦躁等极端反应[16]。此后，有研究者以三者关系的角度对嫉妒的概念进行定义。认为嫉妒是由于竞争者的出现而导致个体失去了所爱之人，或是面临所爱之人被夺走的威胁时，个体所体验到的一种消极情绪[17，18]。此后，Salovey 从关系角度对嫉妒进行了定义，个体面临失去某种有价值的重要关系，而这种关系同时被第三者所拥有时，个体所体验的一系列消极情绪[19]。

有一些学者认为嫉妒也会产生一些积极的作用，认为嫉妒是在特定情境中所唤醒的情感、认知和行为所构成的复合体[20]。正如 DeSteno 和 Salovey 认为，嫉妒并不是病态的，甚至不可否认嫉妒在社会适应的进程中，可能起到了维护身体健康的作用[21]。Clanton 和 Smith 认为当有价值的关系受到威胁时，出于对自我的保护而产生了嫉妒，从这个角度来说，嫉妒往往是出于保护有价值关系所引起的，具有相当的合理性和建设性[22]。Shettel 等学者认为，嫉妒由特定情景所引发，伴有愤怒、焦虑等一系列消极情绪，不过在某些特殊的情况下也会表现出积极的行为反应，嫉妒作为一种复杂的模型，受到社会、文化及环境等多重因素的影响[23]。Bringle 等研究者认为嫉妒是指个体与人际关系双向互动的结果，人际关系的改变会引发嫉妒，嫉妒又无时无刻地影响着人与人之间的关系，有时会体现出外控性、焦虑、消极自我评价等反应[24]。White 以恋爱关系为切入点对嫉妒进行了解析，认为嫉妒是指个体感知到伴侣与竞争者之间存在某种现实的或潜在的相互吸引时，所产生的一系列复杂的思想、情感及行为，与此同时个体的自尊、情侣间的恋爱关系及情感质量会受到威胁[25]。Clanton 从积极的角度，认为嫉妒在个体的社会性发展过程中发挥着保护性的作用，认为许多嫉妒行为是为保护重要关系免受威胁，具有积极意义和建设性作用[26]。

综上所述，嫉妒目前尚无统一的定义，更多的学者倾向于将嫉妒视为包含情感、认知、行为的多维度、多层的复杂反应模型，将其列为具有一定积极作用的范畴内去定义。本研究认为嫉妒作为一种自我意识情绪，是指个体在已有的某种重要关系受到威胁或面临丧失时所体验到的一系列消极情绪。

1.2 嫉妒与妒忌

嫉妒（jealousy）概念的形成过程经历了一个由嫉妒（jealousy）和妒忌（envy）交替使用到得以明确区分的过程，这也是嫉妒研究趋于成熟的一个标志。

嫉妒和妒忌是两种不同的情绪体验[27-30]，二者既有一定的联系又相互区别。妒忌（envy）是在与他人进行比较时，个体渴望拥有的优势正在为他人所拥有时所引发的自卑、敌意及怨恨等复合的情绪感受[31]。而嫉妒（jealousy）是指由于竞争者的出现，个体失去或可能面临失去所拥有的重要关系，而同时这种关系可能被第三者所拥有时，个体所体验的一系列消极情绪[18]。虽然这两个概念在反应的时间、反应的强度及语义上存在一些相似之处，但是在评价过程、情绪体验、社会比较、唤醒程度方面却存在着明显的差异性。

第一，评价过程方面。嫉妒是对可能失去某种关系的消极评价，通常涉及第三者的存在，而妒忌是对自己不恰当的消极评价，往往发生于自己与物品拥有者之间的比较[32]。第二，情绪体验方面。嫉妒是担心失去已经拥有的重要关系，体验到的是背叛、不信任、猜疑、焦虑、拒绝、愤怒等情绪；妒忌则是渴望得到他人拥有的东西或优势，体验到的是敌意、渴望、憎恶等情绪[19]。第三，社会比较方面。与嫉妒产生有关的社会竞争不涉及社会地位高低的比较，他人的得失可能会直接导致自己的现状改变；而妒忌则涉及社会地位高低的比较，但是他人的得失不一定会改变自己的现状[32]。第四，唤醒程度方面。嫉妒比妒忌的唤醒程度更加强烈，对自我意象（self-image）的伤害更深，因为嫉妒的痛苦根源于那种"别人被选中，而我没有被选中"的感觉。尽管如此，嫉妒和妒忌在概念上也有一些重叠交叉之处。嫉妒产生的过程往往包含了妒忌的成分，二者都会导致自尊的丧失。这是因为在嫉妒产生时，个体在与第三者或竞争者进行比较时会产生妒忌，个体也可能因为妒忌而将物品拥有者或优势拥有者视为第三者或竞争者。显然，嫉妒情绪中的不快感受主要来自人际关系，而妒忌情绪中的不快感受主要来自物品或优势拥有。

2 嫉妒的相关理论研究

19 世纪末，因嫉妒杀害配偶或配偶的情人在西方司法界被认为是合法的[33]。此后，许多领域的研究者开始对嫉妒进行研究和探讨，并将目光聚焦于嫉妒的产生、发展及其影响因素，关注嫉妒内在的心理感受及外部行为反应、调节与干预研究，先后提出了七种有代表性的嫉妒理论观点——心理动力学嫉妒论、社会生物进化学嫉妒论、行为主义嫉妒论、认知—现象学嫉妒论、系统学嫉妒论、社会心理学嫉妒论、嫉妒发展理论模型[33-36]。这些理论从不同的视角对嫉妒的发生、发展过程进行探究，揭示了嫉妒的本质及其发展规律，并对嫉妒的发展研究、调节与干预研究提供了理论支撑。

2.1 嫉妒的早期理论

早期理论主要包括六大较为经典的理论——心理动力学嫉妒论、社会生物进化学嫉妒论、行为主义嫉妒论、认知—现象学嫉妒论、系统学嫉妒论、社会心理学嫉妒论。

2.1.1 嫉妒的心理动力学论

弗洛伊德从个体层面提出了心理动力学嫉妒论，强调将成人的嫉妒看作是童年早期情感创伤的再现。从意识和潜意识的关系角度出发对嫉妒进行了自上而下的研究，认为人的嫉妒源于童年的创伤经历，特别是与俄狄浦斯冲突事件有关。他们对嫉妒进行了区分，包括因竞争而失去所爱之人所体验的正常的嫉妒，还涉及将在现实中所见所闻的不忠行为投射到伴侣身上而产生的投射嫉妒，以及对来自同性身上的吸引力的认可或排斥，并将此投射到异性伴侣身上所引发的妄想嫉妒。不过，关于嫉妒的心理动力学观点过于强调童年经验和无意识倾向在嫉妒产生中的作用，忽视了实际生活中的嫉妒事件及相关的影响因素。弗洛伊德将嫉妒分为三大类型，即由于遭受失去爱人而产生的竞争或正常嫉妒；将日常生活中所观察的不忠行为投射到伴侣身上而产生的投射式嫉妒；既认可又排斥源于同性身上的吸引力，并将这种认可投射到异性伴侣身上所产生的妄想嫉妒。心理动力学嫉妒论强调将嫉妒看作是意识和潜意识的问题，并由此诠释嫉妒及治疗嫉妒行为[1]。

2.1.2 嫉妒的社会生物进化学论

嫉妒的社会生物进化论主要以 Buss 于 20 世纪 90 年代提出了"性别差异进化论"（Evolution-predicted Sex Difference）的观点为代表。该理论以达尔文的进化论为基础，从遗传角度关注嫉妒的性别差异；认为嫉妒是人类固有的，属于一种本能的保护性反应；并将嫉妒分为男性嫉妒和女性嫉妒，进行了许多有关嫉妒性别差异的研究。具体而言，嫉妒在人类进化的过程中起到了一种本能的防卫机制或是一种保护性的本能作用[37]，是人类进化、适应的结果，有助于人类的生存和繁衍[38-41]。Buss 将嫉妒情绪的引发条件分为两种：性事不忠（sexual infidelity）和感情不忠（emotional infidelity）。其中，男性多会因为女性配偶的性事不忠而产生嫉妒情绪，而女性嫉妒则较多源于男性配偶的感情不忠[42]。总之，该理论认为，嫉妒的保护性意义在于可以促使个体通过收集来自配偶不忠的信息以采取策略让配偶产生嫉妒从而使其回心转意[43]，或是采取攻击或控制等行为策略来防止或阻止配偶的背叛和不忠[44，45]。

2.1.3 嫉妒的行为主义论

行为主义者对上述两种观点产生了质疑，认为嫉妒是一种后天习得的行为，将其视为从生活环境中习得的不恰当行为，是环境事件的直接冲击或塑造的结果，即刺激—反应的产物，应该在个体所依附的社会文化与环境中去探求原因与解决方案，并且将嫉妒分为以事实为基础的理性嫉妒与基于创伤性想象的非理性嫉妒。嫉妒行为论将研究的目光聚焦于多种多样的治疗与干预方案，致力于通过后天的治疗与干预缓解、疏导甚至消除嫉妒引发的不良行为，帮助人们养成良好的行为习惯和认知模式，当重新面临可能引发嫉妒的情境或事件时，能够产生良性的行为反应[46]。

2.1.4 嫉妒的认知——现象学论

White 和 Hupka 最早将 Lazarus 的认知—现象—情感理论（cognitive-phenomenological theory of emotion）用于解释两性关系中的嫉妒情绪，提出了嫉妒认知理论[47，48，25]。该理论关注个体对嫉妒事件的认知评估过程以及所采用的策略，结合社会文化价值观提出了多层级评价策略，并提出了"刺激—评估—反应模型"。嫉妒认知理论的前提假设是存在一种人际三角关系（P-B-R 关系），即一对情侣（P 和 B）和一个第三者（R），将个体的信息搜集过程分为初级评估（primary appraisal）、二级评估（secondary appraisal）和重新评估（reappraisal），并且形成多种应对策略[19]（见图1-1）。

此外，有研究提出了嫉妒产生的条件或动机（即害怕失去重要的关系和害怕失去自尊），第三者出现而失去伴侣所导致的嫉妒不仅仅是因为会失去了重要关系，还因为同时也失去了自尊[49]，特别是归结为可控的内因。另外，有研究发现，在嫉妒过程中起到至关重要作用的是个体对其所面临的威胁的评估[50]，在社会关系中如何处理自我地位[51]。可见，动机、自我评价在嫉妒产生过程中可能起到一定的调节或中介作用。

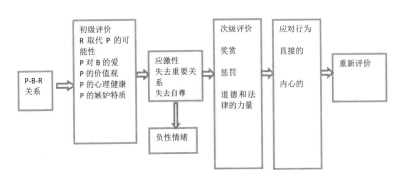

图 1-1 嫉妒认知理论图（源自：Salovey，1991）

2.1.5 嫉妒的系统学论

从社会层面而言，系统学理论以双方的整体关系为切入点探讨了嫉妒的引发条件，认为嫉妒处于一种动态互动模式中，关系双方共同承受具有破坏性及自我强化的结果，并将嫉妒分为正常嫉妒与反常嫉妒。其中，以 Gary 提出的家庭压力和嫉妒整合理论（integrating family stress theory and jealousy theory）为代表，该理论将嫉妒作为一种特殊家庭压力，在家庭生活中，通常会采用心理存在选择和身体不存在选择来应对嫉妒事件，但并未考虑文化因素，特别是家庭文化对家庭成员的影响[19]。

2.1.6 嫉妒的社会心理学论

社会心理学以文化为切入点，论述了不同文化中个体嫉妒反应的差异性，因为文化中蕴含着不同的价值观和规范，而这会形成特定的嫉妒情境，进而导致个体产生不同的嫉妒反应，既体现文化的多样性，又具有跨文化的普遍性。[52]采用跨文化研究方法，对比不同文化背景下引发嫉妒的事件、嫉妒行为反应及其应对策略，证明了嫉妒的文化性，不同的文化生活会形成不同的引发嫉妒的情境，而且这种差异性与个体所处的文化生活中所形成的价值观和规范性之间存在一定的相关性。由此可见，嫉妒具有心理现象和社会现象的双重身份，且根植于某种特定的文化生活中，又具有跨文化的双面性，即跨文化的普遍性与多样性。

2.2 嫉妒发展理论模型

2.2.1 嫉妒发展理论模型的前提

嫉妒发展理论模型对嫉妒在发展的不同层次的表现和原因进行了区分。该理论以时间为主轴，既涵盖了家庭系统内亲兄弟姐妹之间的嫉妒（sibling jealousy），也囊括了家庭系统以外的恋爱嫉妒。该理论基于 Gregory White 和 Paul Mullen 对恋爱嫉妒的定义，并且以 White 和 Mullen 的认知交互作用理论（transactional perspective）为基础[53]。虽然认知交互作用理论源于对成人恋爱嫉妒的研究，但 Hart 认为该理论同样适用于解释在家庭系统中亲兄弟姐妹之间的嫉妒，并认为二者具有内在联系。

在 Gregory White 和 Paul Mullen 的嫉妒定义中，嫉妒被视为特定人际互动模式的结果[53]。在发展早期，个体嫉妒的产生源于特定的家庭关系，即个体、父母（重要他人）和兄弟姐妹（竞争者）。当个体感知到自尊或重要关系受到威胁或丧失的时候,会出现情感(A)、行为(B)、认知(C)的复合体(见图1-2)。在嫉妒情境中,个体的反应具有其独特的情感、行为和认知的复合体,三者之间的差异性会影响三者社会关系的动力性。因为在家庭系统中,除非是双胞胎,亲兄弟姐妹的年龄通常并不相同,他们的认知发展、个体成熟并不一致,所以年长孩子与年幼孩子的嫉妒复合体自然就大不相同。嫉妒的复合体是由人际嫉妒系统中的嫉妒个体的情感、认知和行为构成,人际嫉妒系统则包含嫉妒者、被爱者与竞争者间的人际关系。例如,嫉妒的个体可以从认知角度解读被爱者对竞争者的爱并将其视为背叛,导致生气并可能产生攻击行为。相反,如果嫉妒的个体将失去关系视为威胁,那么他会感到悲伤,这会导致社交退缩。每一种嫉妒都被视为情感、行为与认知反应的复合体。与其他嫉妒定义相比,这种定义更具有效性。

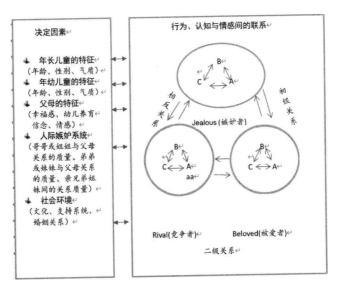

图1-2 亲兄弟姐妹嫉妒的交互作用模型
(源自:Hart & Legerstee, 2010)

特定人际互动系统则包含三级二元关系。初级关系是个体与被爱者的关系，二级关系是竞争者与被爱者的关系，三级关系是不良关系（adverse relationship），即个体与竞争者之间的关系。关系的质量与个体间的亲密性可能会影响嫉妒所涉及的三者关系中的每一位个体，影响嫉妒复合体的构成，也会影响个体多久体验到嫉妒。例如，父母对某个孩子表现出偏爱，会将更多的情感给这个孩子，亲兄弟姐妹自然会体验到不同的人际交往，接触了父母所表现出的不同情感。三级二元关系会受到更大的社会文化背景的影响，也会受到三级二元关系中的个体特征的影响，以及家庭系统的中介作用，例如，婚姻质量、家族社会网络。因此，影响因素包括亲兄弟姐妹的年龄、性别和气质，也包括父母的人格和情绪状态。每一个因素都会影响三级二元关系的人际互动。

2.2.2 嫉妒发展理论模型

Hart 以进化心理学理论为基础、以人的毕生发展为脉络提出了嫉妒发展理论[4]。该理论将嫉妒视为一种伴随年龄发展而不断变化的心理现象，强调嫉妒在个体发展中的不同时期有着不同的情绪体验和行为表现。他认为，划分嫉妒阶段有两大标准：一是功能，即维护自我生存、基因传递及后代繁衍，体现在个体发展不同时期嫉妒在保护有价值的或是重要的关系中体现出的不同的功能类型和程度；其二是刺激条件，主要指在个体发展中引发嫉妒的不同情境。例如，新生儿具有与生俱来的内源排他性，形成对这种内源排他性的一种最初的期待，在发展过程中由于接受了不同的对待方式，在不同的社会交往环境中塑造形成排他性。依据以上两个标准，个体在毕生发展过程中所体验到的嫉妒可以划分为四个不同的层次：本能嫉妒（jealousy）、嫉妒反抗（jealousy protest）、竞争（rivalry）、恋爱和两性嫉妒（romantic & sexual jealousy）（见图 1-3）。

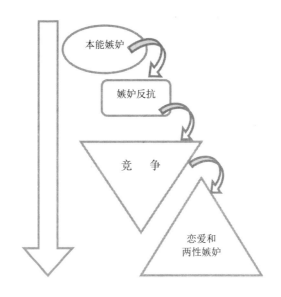

图 1-3 嫉妒发展理论图

（源自 :Hart & Legerstee， 2010 ）

　　第一层次，本能嫉妒。在个体发展早期，嫉妒源于先天的气质，表现为对失去重要关系的独占地位的一种天生的敏感性，即本能嫉妒。此阶段的嫉妒是与生俱来的，缺乏对唤醒嫉妒情境或事件的学习经验，完全源于一种天生的敏感性。个体产生本能嫉妒的动因是第三者，特别是年龄相近的第三者。因为养育者（主要指父母）的资源是有限的，而且对于个体生存起到了关键性的作用。当第三者接近父母，那么对于个体生存非常重要且有限的资源（例如，母亲的关注）则会被分享，这样会对个体的生存产生威胁，进而容易引发亲子间的冲突，这体现了个体维护自我生存的功能。

　　第二层次，嫉妒反抗。嫉妒反抗是指当个体不能独占重要他人的关注时，会做出消极回应。此时的嫉妒被视为一种在内部工作模型、拥有独占性或特权、偏好处理过程中，受到内、外部因素的相互作用的影响而交织形成的生物行为（bio-behavior）[54]。其中，内部因素包括自我概念[4]；而外部因素包括在三者之间的互动中社交经验会影响排他性的工作模式。不同的养育质量会影响个体嫉妒反抗的表达[55]。另外，母亲的气质类型也会影响幼儿的嫉妒反抗。例如，在母亲关注陌生幼儿而忽视被试幼儿的情境条件下，抑郁型母亲的幼儿在反抗行为、接近母亲、触摸母亲、注视母亲和干扰行为等方面的表现明显少于敏感型和干扰型母亲的幼儿[56, 57, 54]。另外，儿童的社交能力既反映了不同的家庭功能，也体现了幼儿嫉妒反抗的个体差异[58]。

幼儿在养育者面前所表现出的嫉妒反抗与亲子依恋具有相似的行为表现和动机，都是为了保留接近养育者的机会和亲密关系，体现了在亲兄弟姐妹争夺父母资源中所引发的嫉妒具有维护自我生存的功能。不同亲子依恋质量的幼儿所表现出的嫉妒反抗有所不同，安全依恋型幼儿的嫉妒反抗表现出较少的异常行为、抑郁性和退缩行为[56, 57]。

第三层次，竞争。原本只属于个体的重要关系会被其他儿童所分享从而产生了竞争。这种亲兄弟姐妹之间或非亲兄弟姐妹之间存在的竞争机制，主要是由于失去独占性的情境刺激所唤醒的，是一种针对不同对待方式的回应。它既可以与嫉妒相继发生，又可以与嫉妒同时存在。这种竞争由公平意识和归属感两种要素构成。其中，公平意识主要是指个体对有差别的对待方式的一种敏感性；归属感也被称作"所有权意识"，主要是指对重要关系的独占性的一种敏感性。但两者何为基础？追溯嫉妒的定义可知，嫉妒主要指失去独占性所产生的一种感受，体现出对所有权的关注。当父母的关注转向其他兄弟姐妹，即使父母对他/她的关注在总量上并未减少，也会对幼儿产生干扰。总之，当公平共享资源的局面被打破，或者所有权受到威胁，竞争就会出现。例如，在非核心家庭中，有的孩子受冷落，有的孩子受宠爱，子女受到父母的有差别对待或者个体失去对父母的独占性，都是不可避免的，这样就会导致因嫉妒而产生的竞争。不同的对待，既会对失宠的幼儿产生干扰，让他们感到被冒犯，同时也会对得宠的幼儿产生影响[4]。

随着年龄的增长，同伴之间争夺重要关系，主要源于失去独占性的情境。这与家庭内部成员争夺父母资源是因为受到有差别的对待而引发的竞争是相区别的，并且与个体发展后期的两性嫉妒存在更多的相关性。因此，同伴间因嫉妒而产生的竞争可能是个体嫉妒毕生发展过程中的一个转折点。

第四层次，恋爱和两性嫉妒。这个阶段的嫉妒主要是为了保护性爱关系而不再是依恋关系，发挥着基因传递和成功繁衍后代的功能[38,41,59]。嫉妒主要由于在恋爱关系或两性关系中失去独占地位所导致的，不再受不平等对待的干扰。此时的嫉妒主要表现为担忧可能失去与配偶的性关系，或者担忧配偶的情感、行为、时间、物质等资源会转移到同性的竞争对手那里。关于两性嫉妒的心理学研究表明，男性和女性在嫉妒方面存在明显的差异。女性会因为配偶的性事不忠而产生嫉妒，男性则往往会因为配偶的情感不忠而产生嫉妒；就进化的保护意义而言，性事不忠引发的嫉妒可以阻止配偶的通奸行为，而情感不忠引发的嫉妒可以防止资源的流失[39,60,61]。总之，恋爱或两性嫉妒会促使个体收集来自配偶不忠的信息、以消极情绪来应对这些威胁信号，甚至采取攻击或控制等行为策略来防止或阻止配偶的背叛和不忠[44,45]。正如研究表明，因伴侣不忠而产生嫉妒时，男性倾向于发泄他们的愤怒，离家出走，断绝关系，甚至是暴力行为；而女性则容易表现出沮丧、失望、自我责备、自我怀疑，以及努力使自己更有吸引力或通过让自己的配偶嫉妒而使男性回心转意[43]。

基于恋爱和两性关系，嫉妒理论发展模型认为这一阶段的嫉妒受五种动机的驱使：第一种动机是关系测试，个体为了检验他们的爱情或加强彼此间的关系而产生恋爱嫉妒；第二种动机是报复，当个体对配偶的消极行为感到伤心难过或者为了"以牙还牙"会产生恋爱嫉妒；第三种动机是高压控制，个体为了操控配偶而产生恋爱嫉妒；第四种是安全感动机，个体为了确保恋爱关系而产生嫉妒；第五种动机是自尊，个体由于缺乏安全感而产生嫉妒[62]。

3 嫉妒的分类与结构

在对嫉妒概念进行研究的过程中，越来越多的心理学者认为嫉妒是一个多维度、多层次的复杂心理系统，进而他们开始对嫉妒内部组织单元的结构研究产生兴趣，并试图通过对嫉妒结构的探索来揭示嫉妒的本质。

3.1 嫉妒的分类

由于嫉妒研究自身的复杂性以及研究者背景和研究取向的不同，心理学家对嫉妒分类的研究也就不尽相同。以弗洛伊德为代表的精神分析学派把嫉妒分为竞争或正常嫉妒（competitive or normal jealousy）、投射式嫉妒（projected jealousy）和妄想嫉妒（delusional jealousy）三个层面。竞争或正常嫉妒指在竞争中个体遭遇到失去所爱之人而体验到的一种心理感受，包括由于失去爱人和自尊而产生的悲痛，对竞争者产生的敌意，由于失败而产生的自我批评；投射嫉妒是指嫉妒者将所观察到的不忠行为投射到嫉妒对象身上的过程，常用于对嫉妒的治疗中；妄想嫉妒是个体排斥或抵御来自同性的吸引力的结果，这本身就说明了嫉妒者已经认同了来自同性竞争者的吸引力，进而认为异性伴侣也认同这种吸引力，由此嫉妒应运而生。社会生物学论把嫉妒划分为男性嫉妒和女性嫉妒，这种性别差异是由于男女对自身自信的不平等和社会对男女行为认同的差异性所致。嫉妒的行为理论认为嫉妒具有理智和非理智两种类型。理智的嫉妒以事实为依据，而非理智的嫉妒却没有现实的依据，仅仅存在于幻想之中，属于一种创伤性的想象。嫉妒的系统论则认为不同的文化环境对嫉妒的理解有所差异，将嫉妒分为正常的嫉妒和反常的嫉妒。正常的嫉妒是指在某种特定文化环境中，被认可的具有恰当性的行为反应；而反常的嫉妒具有两个特点：一方面是由于触发嫉妒者内部底线所致，而并不关系到有价值的关系受到威胁；另一方面是嫉妒者的反应行为过度，甚至具有暴力性[1]。

对于嫉妒的类型，不仅不同心理学流派提出了各自的观点，而且还有一些心理学家也提出了独特的见解。如 Hupka 认为不同类型的嫉妒体验是由于情境触发关系威胁的程度不同所致，在此基础之上，将产生关系威胁的情境分为轻度、中度及高度三类，由此得出了轻度嫉妒、中度嫉妒和高度嫉妒三个类型的嫉妒[63]。

Parrott 认为嫉妒体验之所以存在差异，是由于对原有关系造成威胁的情境存在着差异[64]。故此，依据引发嫉妒的情境类型不同，将嫉妒分为两个类型，即猜疑性嫉妒和事实性嫉妒。猜疑性嫉妒（suspicious jealousy）指对于尚处于假设、潜在状态的威胁时，甚至是尚不清楚的威胁所产生的猜忌和疑虑；事实性嫉妒（fait jealousy）指面对原有关系已经产生显而易见的威胁，并且作为一种已经发生的事实，具有相当的伤害性[64]。

Bringle 根据嫉妒产生的不同动机，将嫉妒划分为猜疑性嫉妒（suspicious jealousy）和反应性嫉妒（reactive jealousy），前者属于内源性变量，后者属于外源性变量，嫉妒则是两者交互作用的结果[65]。尽管如此，内源性变量和外源性变量对嫉妒类型的划分起着不均等的作用。如果内源性变量在个体活动中占据重要地位，此时所产生的嫉妒就属于猜疑性嫉妒；如果外源性变量占据个体活动的主导地位，那么由此产生的嫉妒就属于反应性嫉妒[65]。

Buunk则把嫉妒划分为三大类：反应性嫉妒（reactive jealousy）、占有性嫉妒（possessive jealousy）以及焦虑性嫉妒（anxious jealousy），并且这三种类型的嫉妒在质量上存在着差异性，这三者构成了一个动态连续体系，即个体从健康向存在问题的连续变化过程。具体而言，反应性嫉妒（reactive jealousy）是指个体因嫉妒所体验到的一系列消极情绪的程度，包括愤怒、失落、悲伤、难过等；占有性嫉妒（possessive jealousy）是指个体以制止伴侣与他人建立两性关系为目的所做出的一系列的努力；焦虑性嫉妒（anxious jealousy）是指个体由于对伴侣不忠行为的猜测，并由此表现出的焦虑、猜忌、忧虑及不信任的心理过程[66]。

3.2 嫉妒的结构

早期的研究者曾把嫉妒看作是某种一维结构模型的消极情绪，但随着研究的发展，目前国内外研究者更倾向于把嫉妒作为一种多维度、多层次的复杂心理系统[67]。例如，Clanton、Pines、White和Shettel等研究者认为，嫉妒是由情感、认知和行为加工过程的复合体[26, 23, 25]。此外，Maths（1981）和Bringle（1979）也把嫉妒视为多种情绪反应的混合体[24, 18]。Shettel以嫉妒产生的动机为主线，探讨个体在嫉妒情景下选择何种行为方式是保持关系和保护自尊这两种动机所决定的，并据此得出嫉妒由保护自尊和维持关系两个维度所构成[23]。White结合动机和威胁两种因素来研究嫉妒行为反应的预测模式，结果表明关系和自尊受到威胁是嫉妒的构成要素，任何一种要素均可引起嫉妒在情绪和行为上的反应[68]。Maths等学者在此基础之上探讨了嫉妒的两个构成要素所引起情绪反应的不同，即关系受到威胁会产生压抑，而自尊受到威胁则会产生愤怒[18]。嫉妒的二维结构由Rusbult运用分析和方差分析方法进行研究，得出建设——破坏维度和积极——消极维度[69]。其中，由于两个维度中四者关系的改变最终能够形成表露（建设／积极）、退出（破坏／积极）、忠实（建设／消极）、忽视（破坏／消极）四种不同类型的行为反应模式。Bryson运用跨文化研究，对美国、法国、德国、意大利及荷兰五个国家进行因素分析，结果显示嫉妒九维度结构模型具有高度一致性，包含背叛引起的反应、情感损害、攻击、印象管理、回应性报复、关系完善、监视、自责、社会支持寻求[121]。此后，Bryson对嫉妒行为范畴的进一步研究发现嫉妒的体验和行为表现由八个因素构成，即愤怒、对质、反应性报复、情感创伤、自我反省、警觉、观念支配以及社会支持需求[20]。王晓钧通过对七种嫉妒反应量表的因素分析发现，嫉妒有四种反应因素，即基本反应因素（生理反应、情绪反应与否定反应）、消极的认知因素（消极反应与认知反应）、积极反应和行为反应[70]。

综上可见，以往理论大部分针对两性嫉妒进行了阐述，而嫉妒发展理论模型以个体的毕生发展为主线，从低级向高级发展的过程中分为四个层次，整合了儿童早期因争夺父母资源而引发的亲兄弟姐妹间的嫉妒与两性关系中的嫉妒研究结果，对个体发展不同阶段、不同层面的社交关系中的嫉妒进行了整合，阐明了嫉妒的社会适应意义和保护性作用，也考虑了多种因素对嫉妒及其发展的交互作用。

4 嫉妒的研究方法

随着研究方法与技术的发展，不断推动并丰富着嫉妒的研究。目前对于嫉妒的研究主要采用问卷法和情景实验观察法。

4.1 问卷法

问卷法具有操作简便、标准化程度较高等特点，成为研究嫉妒的重要手段，常用问卷包括自我描述法（SD）和情境性嫉妒测量法（SIT），其中情境性嫉妒测量法是从多个可能引发嫉妒的事件或情境中总结出被试的言语或非言语的反应，人际嫉妒和跨文化嫉妒的研究多采用此方法。

目前，得到广泛使用并具有良好信度和效度的量表有：Bringle 的自我报告嫉妒量表和投射嫉妒量表、恋爱嫉妒量表、Rosmarin 人际反应量表、Buunk 嫉妒量表、White 习惯性和关系嫉妒量表和人际嫉妒量表[24，71-73，63，74，68]。Bringle 的嫉妒量表由 20 道题目组成，采用三等级评分法（不嫉妒、无所谓、非常嫉妒）考察个体在各种情境中的嫉妒情绪体验。Bringle 的投射嫉妒量表是通过较少的嫉妒情境来考察嫉妒情绪，主要通过被试对各题目中主人公的认同进而投射到自身的嫉妒感受。Hupuka 编制的恋爱嫉妒量表由 27 个项目构成，以恋爱嫉妒为背景，主要考察个体实际上的或是受到潜在威胁失去爱人而表现出的生气、郁闷、哭泣、侵犯等。White 编制的习惯性和关系嫉妒量表包含 12 个项目，包括关系的威胁和自尊的威胁两个维度，每一个都能够引发个体的嫉妒情绪和相应的行为反应，主要测量个体在实际的或想象的人际关系中的思维和感受。Mathes 等人对嫉妒的二维结构做了进一步的验证，研究结果表明，不同类型的威胁能够引发不同的情绪反应，即由失去关系引发的威胁使人压抑，而失去自尊的威胁使人愤怒。可见，该量表考察了个体在恋爱嫉妒情境中所经历的心理体验与行为反应。

嫉妒具有稳定性和可变性的双重特点，但这些量表大部分以恋爱关系为背景，考察个体的嫉妒情绪，而对于亲子关系、同伴关系、同事关系、雇佣关系等不同层面的人际关系的嫉妒研究涉及很少。此外，对于嫉妒对象的测查范围也具有一定的局限性，大部分量表适用于成人，而对于婴幼儿群体嫉妒的研究缺乏测量工具。

4.2 情境实验观察法

随着对嫉妒研究热潮的兴起，有些研究者将目光转向了婴幼儿嫉妒的研究，而仅通过面部表情来探究婴幼儿的嫉妒有些困难[75]，而动作、语言不易被掩饰和伪装，通过记录婴幼儿在嫉妒情境中所表现出的行为和表达出的言语为线索进行编码就更具可操作性。

在针对婴儿嫉妒的研究中，有研究者以 12 个月婴儿作为被试，设计了两个情境：情境 1：让参与实验的婴儿的母亲与一陌生人（女性）共同注视玩具或图书，并不关注婴儿被试；情境 2：母亲与陌生人（女性）交替做出手拿玩具或图书的行为，且互相交谈。当母亲注视玩具，特别是在母亲怀抱玩具娃娃时，婴儿的游戏行为会减少，且抗议行为增多，会做出接近母亲的行为，增加与母亲互动的频率，甚至会使用消极的言语表达，以便可以吸引母亲的关注[54]。在此基础之上，Hart 再次采用以上嫉妒情境实验任务来考察婴儿的嫉妒反应，本次实验采用仿真性高，且有着金黄色卷发和浅褐色皮肤的玩具娃娃作为嫉妒情境的诱发工具，在性别和民族属性上是中性的玩具娃娃[76]。结果发现，婴儿在母亲关注玩具娃娃时，表现出的痛苦表情以及消极情绪增多。不仅如此，Hart 以 6 个月的婴儿作为被试，探讨了母亲与婴儿玩耍、母亲忽视（面无表情）婴儿及母亲注视娃娃三种情境下的反应[77]。研究结果表明，在母亲忽视情境下，婴儿表现出对母亲兴趣减少等一系列的回避反应；在母亲注视玩具娃娃的情境下，婴儿表现出接近母亲、对母亲兴趣增加。进一步的统计分析结果得出，悲伤、注视母亲、接近母亲很可能是婴儿嫉妒情绪的行为反应模式。

针对较大年龄的幼儿，Masciuch 等人设计了两个情境，即母亲关注目标幼儿和母亲表扬目标幼儿所画的图画，用以考察 4 个月到 7 岁儿童的嫉妒[78]。研究表明 8.4 个月婴儿开始产生嫉妒，当母亲关注目标婴儿时，他们会做出接近母亲，意图触摸母亲，触摸目标婴儿，并伴有不同程度的不悦的面部表情，如皱眉、哭泣等；年长的幼儿（1~7岁）还会运用言语表达的方式表达嫉妒，他们会干扰母亲与目标幼儿的互动，例如被试会用物品遮挡住母亲腿上放着的书，以阻碍母亲与目标幼儿的交流；此外他们还会故意拿走或使用目标幼儿的物品（比如毯子，奶瓶），这看上去似乎是一种报复行为，以此来发泄自己的嫉妒情绪。另外，他们也会试图去引起母亲的注意力，如被试会抢先回答母亲向目标幼儿所提出的问题，评论母亲与目标幼儿的谈话，甚至纠正目标幼儿的错误。

此外，也有研究者考察了16个月到4岁幼儿的亲兄弟姐妹间的嫉妒，仅设计了一个9分钟的情境实验，母亲（父亲）先与幼儿A一起游戏3分钟，此后再与幼儿B一起游戏3分钟，最后与幼儿A和幼儿B共同游戏3分钟，分别考察幼儿A和幼儿B的嫉妒情绪，结果表明年长的幼儿与学步幼儿相比表现出较少的嫉妒情绪[79]。

Massak和Buunk运用有吸引力的和无吸引力的身体图案考察嫉妒的影响因素，结果表明，相比观看无吸引力图片的被试，观看有吸引力图片的被试组报告了更多的嫉妒[80]。

5 嫉妒的发展特点

5.1 嫉妒发展的年龄特征

作为复杂的自我意识情绪，嫉妒的产生与发展的年龄阶段尚无统一的定论，某些学者认为嫉妒发生在几个月大的婴儿身上[81]，而另一些学者认为随着认知的发展，2岁左右的幼儿开始产生嫉妒。根据以往研究，对嫉妒的年龄发展特点总结如下：

5.1.1 本能的嫉妒阶段（6~12个月）

本能的嫉妒也可称为嫉妒的发生的萌芽时期，该时期婴儿的嫉妒反应更类似于一种处于进化过程中的本能反应。因为母亲作为他们的重要养护者，能持久获得来自母亲的关注与爱，为婴儿的生存提供基本的保障[54]。

有研究表明6个月的婴儿身上发生了嫉妒，与母亲看书情境相比，在母亲关注玩具娃娃情境下，婴儿往往会表现出较多地苦恼、悲伤等消极情绪。处于本能反应阶段的婴儿，虽然他们还缺乏对亲子关系受到威胁的理解能力，但是他们已能够意识到竞争者（婴儿）的介入对亲子关系带来一定的威胁，并本能地做出反应，如主动抚摸母亲、靠近母亲，以吸引母亲注意力[76, 54]。此后的进一步研究证明了嫉妒的发生年龄是6个月，并总结出婴儿嫉妒发生时行为反应指标，即恐惧、抚摸母亲与注视母亲[77]。

Masciuch对4个月到7岁的幼儿嫉妒进行了研究，结果表明8.4个月婴儿表现出嫉妒反应，当母亲将竞争婴儿抱入怀中时，他们会表现出试图触碰母亲或目标幼儿、接近母亲，以及痛苦的面部表情，如皱眉、哭泣等。这表明嫉妒在8.4个月的婴儿身上已经发生了[78]。

此后，有研究表明在12个月的婴儿身上也会出现类似于6个月婴儿的嫉妒反应。Fogel对12个月婴儿的嫉妒反应进行研究发现，婴儿在嫉妒时会同时表现出积极和消极两种行为，其中消极行为以反抗行为作为代表，积极行为则以接近母亲的行为作为代表，这也可以进一步表明嫉妒是一种复合情绪[82]。Brazelton研究得出，当母亲怀抱竞争婴儿时，目标婴儿马上会做出一系列的嫉妒反应，如马上跑到母亲身边，拼命推目标幼儿，直到把目标幼儿从母亲腿上推下去[83]。

可见，嫉妒发生在6个月的婴儿身上，6~12个月婴儿表现出的嫉妒反应属于一种萌芽状态的嫉妒，是一种本能性的嫉妒。

5.1.2 无差别的嫉妒反应（1~3 岁）

在对 6~12 个月婴儿嫉妒的研究中，更多学者对 1 岁以后婴儿嫉妒的研究更为感兴趣。有研究发现，当母亲关注别的婴儿时，12~16 个月婴儿的愉快情绪会减少，痛苦表情有所增多，抱怨母亲对于他们的忽视，并想重新得到母亲的关注[84]。

Masciuch 认为 1~3 岁幼儿的嫉妒反应比 6~12 个月婴儿的嫉妒强烈[78]。这是因为此年龄阶段的幼儿的自我意识开始发展，开始掌握一定的认知规则[85]，能够意识到母亲亲近其他婴儿时，自己的独享地位受到了威胁，甚至也可能被其他婴儿夺走。不仅如此，他们还将母亲的关注与爱看作是一种资源而且是有限的资源[86]，会因他人的使用而减少，所以他们表现出的嫉妒反应强度会更大些。

虽然 1~3 岁幼儿的嫉妒反应没有分化，无论母亲关注的是比他年龄小的还是与他同龄的幼儿，该年龄阶段的幼儿都会表现出同等强度的嫉妒行为，并且与 6~12 个月的婴儿相比，会表现出更多的反抗行为（干扰行为），甚至是报复性行为（如使用被母亲关注的幼儿的物品）。

5.1.3 有差别的嫉妒反应（3~6 岁）

随着幼儿言语能力与认知的进一步发展，3~6 岁的幼儿的嫉妒反应更为丰富多彩，但在程度上没有 1~3 岁幼儿的嫉妒反应那么强烈，学会了以较为温和的行为和言语来表达抗议和不满。

Masciuch 在研究中发现，3.5~4.5 岁的幼儿会抢先回答母亲对另一儿童提出的问题，评论母亲与另一名幼儿的谈话，纠正另一名幼儿的错误，试图引起母亲对自己的关注[78]。可见此年龄阶段的幼儿的嫉妒反应更为温和，可能是因为幼儿在成长的过程中一方面从照顾者身上学会了用温和的方式表达自己的抗议，另一方面他们知道以粗暴的方式表达抗议不再有效。

此外，3~6岁的幼儿不会单纯地因为母亲关注另一名幼儿就表现出嫉妒反应。3~6岁的幼儿不仅会用更为温和的行为及丰富的言语表达嫉妒，而且随着认知的发展，他们对嫉妒的情境有了更为深刻的理解，知道什么会对自己的关系造成威胁并引起嫉妒，他们的嫉妒已开始有所分化，即当母亲对关注同龄幼儿时，更能引起该年龄阶段幼儿的嫉妒。

虽然0~6岁儿童在经典的嫉妒情境下，普遍会表现出悲伤、苦恼及接近母亲的行为，但不同年龄阶段幼儿言语理解能力及认知发展水平有所不同，因此嫉妒情绪的反应也存在一定的差异性。

5.2 嫉妒发展的性别差异

有关嫉妒性别差异的研究，主要聚焦于恋爱嫉妒中成人的性别差异。在开放式婚姻（open marriages）中的嫉妒研究中发现，女性比男性表现出更多的嫉妒[72]。有研究做了进一步的分析，在面对第三者出现的时候，男性更倾向于采用回避、否认等冷处理的方式，而女性则会采取行动来维系婚姻关系，如要求索赔、寻求支持、自我评价等[1, 87]。此后有学者对嫉妒性别差异的原因进行了探讨，男性会因伴侣的性事不忠而产生更多的嫉妒，而女性则会因为情感不忠而产生更多的嫉妒[88, 89]。与此相反，Kuhle等人通过对出现"劈腿"状况的爱恋关系的情侣进行研究，发现男性不能接受伴侣情感不忠而劈腿，女性则无法忍受伴侣因性事不忠而劈腿[90]。这可能是因为女性有爱才会与异性发生性关系，所以在男性看来，女性出轨一定是因为爱上了别人；而从女性的角度来看性与爱是同源一体的，所以当她们的异性伴侣出轨时，也一定是出于爱。此外，有研究认为当个体面对同性竞争者（第三者）的时候，男性更看重社会地位的比较，而女性则更关注于外貌形象的吸引，并由此而引发嫉妒情绪[91]。可见，基于恋爱背景而产生的嫉妒情绪存在着性别差异，男性和女性虽然均会产生嫉妒情绪，但产生的原因不同，所采取的行为策略或外在表现有所不同[92-94, 62, 95, 96]。

6 嫉妒的相关因素

6.1 个人因素

6.1.1 人格

弗洛伊德认为，嫉妒是童年创伤的浮现，童年的经验影响人格的形成，进而影响嫉妒的产生和发展。诧摩武俊认为心灵不成熟、经常将我挂在嘴上、不承认自己错误、缺乏自信、自卑感强的人，再加上受到任意妄为、简单粗暴、冲动、莽撞的人格特征的驱使，促发了嫉妒情绪。此后有研究表明，嫉妒与神经质、焦虑之间存在相关性[65, 72, 97, 98]。而在国内，王晓钧对嫉妒与人格的关系进行了研究，表明高神经质人格、焦虑、自我意识、正性情绪、信任在嫉妒的形成和发展中起着重要的作用[99]。张建育运用White和Bunk编制的嫉妒量表测量了嫉妒并探讨了嫉妒与积极情绪、自我评价、人际信任的相关性，研究结果表明，嫉妒与焦虑、正性情绪、人际信任、个人评价间存在显著的相关性[100]。

在人格与嫉妒的相关研究中，自尊作为人格的一个因素被最广泛地用于研究嫉妒与人格的关系。有研究表明，嫉妒与不安全感和低自尊之间存在显著性相关[101, 29]。另有研究表明，嫉妒与自尊之间存在负相关[102-104]。此外，在某些研究中，男性的嫉妒与自尊有关[105]，而另一些研究认为，仅女性的嫉妒与自尊相关[73, 106]。这是因为，引发嫉妒的情境本身就是一个消极的事件，失利一方会过度关注于自我，在与他人进行比较过程中，会产生消极的自我检查与内省，会产生极度不适感。另一方面，自尊是由理想我与现实我组成的，即个体在比较过程中所得到的自我评价与自我价值的体验[107]，并且以自我评价为驱动力，当两者差距越来越大时，就会产生高焦虑和低自尊感。

对人格有着重要影响的还有出生的次序[108]，所以有研究者对嫉妒与出生次序的关系进行了探讨。有研究者提出，兄弟姐妹间的竞争是成年时嫉妒的先兆。有人认为长子（女）更愿意产生嫉妒，因为他们经历了从独占父母的关心与爱到要同亲兄弟姐妹共享的过程，或是父母的爱转向亲兄弟姐妹的过程，这会导致嫉妒的产生[66]。与此相反，从进化论的角度而言，父母常常投入更多的爱在长子（女）身上，从而使得年幼子要与长子去争夺父母的爱，这就可能导致幼子比长子表现出更多的嫉妒[109]。

综上可见，嫉妒情绪与人格之间存在着显著的相关性，人格特质的差异性会影响嫉妒情绪的反应与发展。

6.1.2 精神疾病

嫉妒是一种大多数人都会经历的情感，但由于适应不良和功能障碍引起的嫉妒会导致关系破裂和悲伤，这被称为病态嫉妒（pathological jealousy）。近几年，嫉妒的相关研究受到神经病学者和心理学者的青睐。

大脑结构损伤会引起病态嫉妒或嫉妒妄想。有研究表明，右侧大脑动脉梗塞的病人会对妻子和单位的同事进行无端猜疑，进而产生嫉妒，甚至产生攻击行为和自杀行为[110]。Coutinho研究表明，由中风后遗症（post-stroke）造成的狂躁症和精神病（mania and psychotic symptoms）与右脑血管损伤有关，这些病患会对妻子产生病态嫉妒[111]。Stephanie对精神病与嫉妒进行了研究，结果表明精神障碍的病患右脑受到损伤，他们常会由于妄想而对妻子产生嫉妒，即嫉妒妄想，这是一种病态的嫉妒[112]。此外 Michael 认为，妄想嫉妒作为一种危险因素，会导致暴力和杀人行为，这种嫉妒较为普遍地存在于精神分裂（schizophrenia）病患中[6]。另外，Ecker 认为强迫症（obsessive-compulsive spectrum disorder, OCSD）患者会产生一种非妄想的病态嫉妒[113]。

6.2 家庭因素

家庭是儿童成长的摇篮，不同的教养方式对幼儿嫉妒的发展起着不同的作用。张建育研究表明，嫉妒与放任型、专制型及溺爱型的教养方式间存在显著的正相关，而与民主型教养方式间存在显著的负相关[100]。Hardeep 的研究得出测量青少年压抑状况的三个指标，即自我效能感与放任型和专制型的教养方式，压抑作为一种不健康的心理状态会导致嫉妒情绪的产生，可见放任型和专制型的教养方式更容易引发嫉妒情绪的产生[114]。

另外，有研究表明父母的应对方式影响子女嫉妒的产生和发展。张建育研究发现，嫉妒及其各个维度与积极的应对策略间存在显著的负相关[100]。杨光艳通过 Bringle 和 White 编制的嫉妒量表考察嫉妒与教养方式的关系，结果发现嫉妒与消极的应对方式之间存在显著的正相关[115]。而且对嫉妒进行高低分组，不同组的嫉妒在消极应对方式上具有差异性。可见，个体的嫉妒情绪与所采取的应对策略和方式密切相关，也就是说，当个体承受压力或遭受问题时，如果采取消极的应对策略，那么个体则越容易产生嫉妒情绪；若采取积极的应对方式，这种积极的应对策略也许在某种程度上可以排解人际冲突所引发的嫉妒情绪。

6.3 社会因素

6.3.1 社交网络

随着科技时代的到来，人们对网络的需求日益增多，社交网站(social network sites , SNS) 的出现改变了人们的交友方式，改变了人们的生活。这种改变对人们社交网络的建立是好还是不好呢？近几年，学者们以 Facebook 为切入点对其进行了研究。有研究者认为，社交网络对人们的生活产生消极影响，特别会引起嫉妒[116, 117, 95, 118]。Elphinston 和 Noller 研究了 Facebook 和嫉妒之间的关系，认为 Facebook 入侵(Facebook intrusion) 即过多使用 Facebook 会破坏情侣间的关系，并通过嫉妒和监视对方的行为来表述不满[119]。Facebook 作为一种社交网络，正以全新的方式侵入人们的社交生活，以新的方式编织着人际网络。关注、人气指数的增加是否会在不同类型的人际关系中引发嫉妒，这种嫉妒是否会影响人际交往仍有待进一步考察。

6.3.2 文化因素

透过社会心理学视角，文化、民俗、历史背景等因素在嫉妒发生与发展过程中具有主导性的作用。嫉妒的文化传承特性较为凸显，在不同的文化地域中，个体衡量和解读嫉妒情境的标准不尽相同。认知现象情感模型提出了一套嫉妒反应评估模式（P-B-R 评估模式），并强调文化价值观的影响作用。Salovey 研究了嫉妒的文化影响因素，认为文化环境滋长了个体的嫉妒反应，这是因为个体受文化的熏陶，当婚姻上升到个人价值观和道德层面，当婚姻关系受到威胁时，个人易于产生压力，感到紧张[19]。此后，有研究进一步证实了嫉妒情绪的反应具有跨文化的稳定性与特异性。具体而言，在跨文化的稳定性方面，有研究对欧美七个国家（匈牙利、爱尔兰、墨西哥、新西兰、苏联、美国、南斯拉夫）的嫉妒进行了跨文化研究，结果表明在七个国家中，接吻、调情、性行为都会引发嫉妒情绪的产生，另外，跳舞、拥抱及性幻想也会引发中等程度的嫉妒反应[52]。在跨文化的特异性方面，Bryson 在嫉妒的跨文化研究中发现，当个体产生嫉妒情绪时，法国人会歇斯底里，德国人会去勇敢地竞争，荷兰人会沮丧，而意大利人则会选择回避[120]。不仅如此，法国人的嫉妒反应比较强烈，主要体现在背叛、自我反思、攻击上；德国人和荷兰人的背叛得分比其他国家低；意大利人在监督、自我反思及寻求支持维度上得分较低[121]。另外，有学者从认知、情感、行为和宗教方面对嫉妒进行了跨文化研究，发现印度人的嫉妒在认知和情绪上的反应低于美国人，而且宗教也影响着嫉妒的反应，印度教徒在嫉妒的认知和情感维度上得分较高，而基督教徒在嫉妒的认知维度上得分高于穆斯林教徒，此外宗教和性别对嫉妒反应具有交互影响作用，也就是说生物因素与社会因素交互作用并影响着嫉妒反应。[122]

由此可见，文化因素确实在嫉妒的发展过程中发挥着重要的作用。

7 嫉妒的相关研究

7.1 嫉妒与正念的关系研究

7.1.1 善意与恶意嫉妒的界定

有学者站在不同性质的研究视角，认为嫉妒包含善意嫉妒和恶意嫉妒[123]。具体来说，善意嫉妒者有一种向上的动机，目的是在比较过程中缩小差距，而恶意嫉妒者有一种向下的动机，目的是损害他人[124, 125, 126]。其次，善意/恶意嫉妒在"感知控制"上也存在本质上的差异[125]。

具体表现为在社会比较过程中，个体越能改变自身所处的劣势情况，越倾向体验到善意嫉妒；反之，则倾向体验到恶意嫉妒[125]。此外，尽管善意／恶意嫉妒都是一种负性情绪，但是当个体体验到恶意嫉妒时，会更加沮丧、更易感知到敌意和不公平，并且还具有更强的贬损他人的行为倾向[123,125]。而当个体体验到善意嫉妒时，则表现为更愿意接近被嫉妒者，更喜欢被嫉妒者[123,125]。

7.1.2 正念的概念界定

正念起源于佛教，通常被定义（Mindfulness）为一种对当下体验（身体感受、想法、情绪）有目的、不评判地注意和觉知，它强调对自身体验的开放和接纳[127]，这可以理解为一种状态。同时，正念还可以界定为一种人格特质，指在日常生活中个体之间可能存在差异的一种倾向[127]。即特质正念（Trait Mindfulness），强调个体对当下体验保持觉知和专注的能力。正念的核心特征是保持开放或接受的意识和注意力[128]。

正念对我们的生活有很多积极的影响。诸多研究发现，正念可以正向预测主观幸福感[127,129,130]以及生活满意度[131,132,133]。与此同时，另有研究发现正念可以负向预测消极情绪，例如正念可以有效地减轻抑郁、焦虑等消极情绪[134,135,136]。

7.1.3 正念的作用机制：正念再感知模型

正念本质上是一种意识状态[127]，其核心成分是意图（intention）、注意力（attention）和态度（attitude），它是如何起作用的呢？Shapiro等人（2006）提出了正念再感知模型。再感知（reperceiving）指个体可以从意识内容中脱离出来，用更清晰、客观的态度对待当下的消极体验，从而打破了僵化和自动的反应，与积极的结果联系在一起。再感知还涉及自我调整，个体有意识地培养不带评判性的注意力，能更好地应对当下的体验，并进行积极的自我调整，从而促进幸福和健康[137]。同时，再感知还可以帮助个体选择与自身的需求、兴趣和价值观相一致的行为，从而使个体行为方式更符合他们的实际价值和兴趣[137，127]。此外，再感知还可以促进认知、情感和行为的灵活性，个体不易受消极的认知、情绪和行为的影响，而是以更灵活的方式做出积极的调整[137]。

7.1.4 正念与嫉妒的关系

依据 Shapiro 等人（2006）正念的再感知模型，通过正念的过程，一个人能够从意识的内容中识别出来，用更清晰、更客观的眼光来看待自己每时每刻的经历，再感知涉及视角的根本转变[137]。因此，通过再感知过程，个体不再受消极体验的控制，可以对消极体验作出更适应、更灵活的转变，从而与更多的愉快体验如幸福感相联系。一般嫉妒是个体在不利向上社会比较过程中产生的典型消极体验[138，139]。因此，在不利的向上社会比较的过程中，通过正念的再感知过程，个体可能不再受一般嫉妒的控制，而是转变视角，保持客观、清晰和平静的态度。基于此，正念可能会抑制一般嫉妒[140]。

目前，还没有实证研究直接探讨正念与一般嫉妒的关系。但有一些间接研究可以解释正念与一般嫉妒的关系。研究表明特质正念水平越高的个体，具有更积极的自我评价[131]，如自尊[141，142]和自我效能[143]。而嫉妒倾向产生的核心就是消极的自我评价[144，145]。也就是说个体在向上社会比较过程中对自己作出消极的自我评价时就会产生嫉妒[139]。因此，正念抑制一般嫉妒原因可能在于个体自我评价水平的提高。基于此，我们推论正念高的个体往往具有更积极的自我评价能力，继而抑制嫉妒倾向[140]。

7.1.5 正念与善意（恶意）嫉妒的关系

关于正念与善意或恶意嫉妒的关系，目前还没有学者探讨这一关系。但依 Shapiro 等人（2006）正念再感知理论，正念再感知涉及视角的根本转变，因而个体不再受意识内容的控制，而是以更加灵活的方式应对，从而抑制消极体验[137]。恶意嫉妒是一种痛苦的消极情绪[123, 126, 146, 147]。因此，我们假设正念可以抑制个体恶意嫉妒。此外，当善意嫉妒被激发时，人们倾向于努力提高自己，以实现他人的优势，善意嫉妒具有一种积极的动机[125, 146]。因此，善意嫉妒有其积极的一面。尽管善意嫉妒提高

优势的动机似乎是建设性的[123]，但是追求它的手段不一定是亲社会的[148]，甚至在道德上受到谴责[150]。因此，善意嫉妒也是一种消极情绪，只是善意嫉妒的消极程度低于恶意嫉妒。基于此，我们提出假设正念可能显著负向预测善意嫉妒，也可能与善意嫉妒关系不显著。

7.1.6 心理弹性的中介作用机制

已有以往的研究表明，感知控制（perceived control）是心理弹性的特质之一，即个体的心理弹性水平越高，感知控制水平越高[150, 151]。依据先前的研究，感知控制是区分善意嫉妒和恶意嫉妒一个关键因素[123]。在向上社会比较的过程中，感知控制程度较高的个体相信自己能够改变劣势的处境，因而更易体验到善意嫉妒，而感知控制程度较低的个体更易体验到恶意嫉妒[125, 146]。因此，心理弹性水平越高的人其的感知控制能力越强，这样会促进善意嫉妒的产生，反之则会抑制恶意嫉妒。据此，我们假设心理弹性可以正向预测善意嫉妒，也可以负向预测恶意嫉妒。不仅如此，已有研究发现个体可以通过提高正念水平，进而有效地抑制消极体验，而心理弹性在正念和消极的体验之间起着中介

作用[15]。

7.1.7 心理弹性中的保护因素的中介作用机制

已有研究表明心理弹性的两个经典保护因素是内控和自尊[153]。由此可以推断出，内控和自尊也可能会在正念与善意（恶意）嫉妒关系起到一定的中介作用。在分析内控和善意（恶意）嫉妒的关系中，值得我们关注的是内控在某种程度上也可以被等同为感知控制[154]。因为感知控制实际上是一种信念，具体指个体相信自己可以决定自身内在状态和行为[155]。这与内控在实际上是非常相似的。感知控制是善意（恶意）嫉妒的分化[125, 146]，内控可能和善意嫉妒呈正相关和恶意嫉妒呈负相关。由此可见，内控可能会在正念与善意（恶意）嫉妒关系起到一定的中介作用。另外，值得我们关注的是，以往大量的研究表明内控可以作为心理弹性的保护因素之一[156]。据此可见，正念也许会通过影响内控进一步影响心理弹性，进而对善意（恶意）嫉妒产生影响。由此可见我们可以认为，内控和心理弹性在正念和善意（恶意）嫉妒之间也许存在着链式的中介作用[141]。

另外，已有大量的研究针对自尊和善意（恶意）嫉妒的关系进行了探索，其中有研究表明自尊与恶意嫉妒之间呈负相关[157, 158]。具体而言，因为低自尊的个体可能存在认知偏差，他们对自我的认知往往是消极的，为了避免在进行消极的向上社会比较之后，导致其失去较为珍贵的自尊资源，他们可能会更加倾向于采用敌对策略，进而会更多地表现出恶意嫉妒倾向[157]。与此相比，在关于特质自尊水平与善意嫉妒之间的关系的研究中，尚未得出一个较为明确的具有预测性的结论。Vrabel 等人（2018）研究认为自尊与善意嫉妒之间的关系不显著[157]。当然也有研究认为自尊和善意嫉妒之间呈正相关[159]，也就是说具有较高自主水平的个体，往往会体验到善意嫉妒。这可能因为善意嫉妒中也具有积极的一面，这会帮助个体努力提升自己进而缩减自己与他人的差距[125]。由此可以得出，自尊既可能与善意嫉妒呈正相关也可能与善意嫉妒间不相关。由此我们可以认为，自尊也可能起到中介作用。再加上，自尊也是心理弹性的保护因素之一[160]，据此可以得出，正念也可以通过影响自尊进而影响心理弹性，进一步影响善意（恶意）嫉妒。

综上所述，在正念再感知模型的理论框架下，进一步研究在正念与善意（恶意）嫉妒的关系中有哪些中介变量。据此我们可以作进一步研究与探讨，自尊在正念与善意（恶意）嫉妒之间起中介作用，内控在正念与善意（恶意）嫉妒之间起中介作用，自尊和心理弹性在正念与善意/恶意嫉妒之间起链式中介作用，内控和心理弹性在正念与善意（恶意）嫉妒之间起链式中介作用[161]。

纵观以往关于正念与一般嫉妒的相关研究。虽然尚未有学者对正念与一般嫉妒的关系进行直接研究，但是有学者在正念的再感知理论模型研究中提出了以下观念——正念能够抑制一般嫉妒。另外，以往研究表明正念与心理弹性存在正相关性，并且心理弹性较高的个体更容易从消极体验中恢复过来[161]。而且一般嫉妒作为一种典型的消极情绪体验。所以心理弹性可能和一般嫉妒呈负相关性。此外，从心理弹性作为一种积极心理资源，可以增加抗逆能力，我们可以将心理弹性作为保护因素，进一步探讨心理弹性的中介作用。并进一步探讨内控、自尊和心理弹性在正念和一般嫉妒中的中介作用机制。

具体而言，深入梳理与分析以往关于正念与善意（恶意）模型嫉妒关系的相关研究。第一，恶意嫉妒作为一种消极情绪，根据正念再感知理论模型概念，正念与恶意嫉妒间也可能存在负相关性。从善意嫉妒与恶意嫉妒两个维度来看，尽管善意嫉妒具有积极的特性，但是从本质上来看其仍然是一种消极情绪，只是在消极程度上要低于恶意嫉妒。因此，正念与善意嫉妒就可能存在着负性相关性，当然也可能不存在相关性[161]。第二，从善意嫉妒与恶意嫉妒两个维度来看，感知控制是心理弹性的特点之一。因此，个体具有较高的心理弹性水平，其感知控制能力水平就越强，因而产生的善意嫉妒水平更高，恶意嫉妒的水平较低。据此，未来的研究不仅可以进一步探讨心理弹性在正念与善意（恶意）嫉妒关系中的中介作用机制，还可以从心理弹性的保护因素为切入点，探讨内控、自尊和心理弹性在正念与善意（恶意）嫉妒关系中的中介作用。

总而言之，通过对以上文献综述的梳理与分析，未来的研究可以从以下方面进行：第一，根据正念再感知模型理论，可以探讨心理弹性在正念与一般嫉妒关系中的中介作用。第二，进一步研究心理弹性的保护因素：内控和自尊及心理弹性在正念和一般嫉妒的关系中的作用机制。第三，采用横向研究和纵向追踪研究的方法，探讨正念与善意（恶意）嫉妒的关系，即心理弹性在正念与善意（恶意）嫉妒在其中起的中介作用。

7.2 嫉妒相关的神经机制研究（嫉妒特质的神经机制及催产素的调节作用）

在以往的研究中，关于嫉妒的神经化学及神经解剖学的研究较少，而且大部分研究都以病态的嫉妒为研究对象。根据以往针对病态嫉妒研究的结果表明，右额叶、左额叶及丘脑的损伤与嫉妒妄想症有关[161]。此外，Graff-Radford 等人在关于 105 名病态嫉妒患者的研究中指出，76.7% 的患者有神经退行性疾病，且额叶和颞叶的灰质损失与妄想症状的产生有关，这也就是说病态嫉妒可能会导致大脑中的神经退行性变化[162]。另外，帕金森患者（Parkinson's disease，PD）在进行多巴胺激动剂（Dopamine agonists）治疗后，往往也会出现病态嫉妒的症状[163]，这就表明多巴胺能系统与嫉妒妄想的产生有关。Marrazziti 等人总结了以往关于病态嫉妒的研究进，其中指出了病态嫉妒与多巴胺能的额叶 –

纹状体奖赏回路（Dopaminergic fronto-striatal reward circuitry）之间存在着显著相关性。同时，与心智化能力（Mentalizing）、自我相关的加工（Self-related processing）有关的腹内侧前额叶皮层（Ventromedial prefrontal，vmPFC），与内感受（Interoception）、凸显加工（Salience processing）有关的脑岛（Insula）都与病态嫉妒存在相关性[164]。

尽管如此，但在动物模型及健康成人中进行关于非病态嫉妒相关的神经机制的研究凤毛麟角。在一项关于动物的研究中，研究人员将雄性猴子暴露于两种实验条件下：挑战条件（Challenge condition）和对照条件（Controll condition）。在挑战条件中，雄性猴子目睹了雌性配偶与雄性竞争对手之间潜在的交配行为；而在对照条件中，雄性猴子观看雌性配偶单独活动的场景。研究结果表明，在挑战条件下，雄性猴子的右侧颞上沟（Superior temporal sulcus，STS）和杏仁核（Amygdala）的激活增强，这表明当第三者的出现对雄性猴子与雌性伴侣的性行产生威胁时，他们的社会警惕性与焦虑会增加[165]。此外，在一项磁共振研究中，以健康的成年的男性与女性为研究对象，并要求指导在特定的情境条件下（如身体不忠条件、情感不忠条件、中性条件）对伴侣的行为进行想象，以此来诱发被试产生的嫉妒情绪，并研究其相关神经活动。研究结果表明，两性在经历嫉妒情绪时所呈现的脑网络激活是不同的。男性激活的脑区包括视觉皮层（Visual cortex），边缘系统如杏仁核、海马（Hippocampus）、下丘脑（Hypothalamus），以及与躯体和内脏相关的脑区如脑岛；而女性在经历嫉妒情绪时则会更多地激活后颞上沟（Posterior superior temporal sulcus）、角形脑回（Angular gyrus）、视觉皮层、中央前回（Precentral）、丘脑（Thalamus）以及小脑（Cerebellum）。这就表明嫉妒情绪与心智化、基本情绪、躯体和内脏相关的脑区存在重要的相关性[167]。Sun 等人对此也进行了研究，该研究设计了新的情境想象任务，让被试在磁共振仪器中进行两个不同阶段的情境想象（恋爱前阶段、恋爱后阶段），并分别探究在这两个阶段下，被试想象自己与伴侣互动（快乐－伴侣条件）、自己与异性朋友互动（快乐－控制条件）、同性竞争者与自己的伴侣互动（嫉妒－伴侣条件）、同性竞争者与自己的异性朋友互动（嫉妒－控制条件）时，被试大脑的激活状态。结果显示，在嫉妒条件下，前额叶（Frontal lobe）、后扣带回（Posterior cingulate cortex，PCC）、梭状回（Fusiform）、额下回（Triangular part of inferior frontal gyrus）的神经活动增强；同时，在嫉妒条件下，神经基底节（Basal ganglia，BG）及腹侧纹状体（Ventral straitum）在恋爱后阶段的激活程度比恋爱前阶段的激活更强[168]。

此外，还有研究考虑到想象的不忠情境与亲历的不忠情境所诱发的嫉妒情绪在神经表现上可能存在差异，所以有少数的研究结合了磁共振成像技术，在真实的情境下来研究与嫉妒有关的神经活动。Harmon-Jones 等人运用脑电来研究嫉妒的神经机制，主要采用经典的社会排斥范式——Cyberball 投球游戏范式来诱发被试的嫉妒情绪，结果发现嫉妒情绪产生时，左侧前额叶（Angular gyrus）、视觉皮层、中央前回（Precentral）、丘脑（Thalamus）以及小脑（Cerebellum）被激活。这进一步证明了嫉妒情绪与心智化、基本情绪、躯体和内脏相关的脑区存在重要的相关性[167]。Sun 等人的研究设计了新的情境想象任务，让被试在磁共振仪器中进行两个不同阶段的情境想象（恋爱前阶段、恋爱后阶段），并分别探究在这两个阶段下，被试想象自己与伴侣互动（快乐－伴侣条件）、自己与异性朋友互动（快乐－控制条件）、同性竞争者与自己的伴侣互动（嫉妒－伴侣条件）、同性竞争者与自己的异性朋友互动（嫉妒－控制条件）时，被试大脑的激活状态。结果显示，在嫉妒条件下，前额叶（Frontal lobe）、后扣带回（Posterior cingulate cortex，PCC）、梭状回（Fusiform）、额下回（Triangular part of inferior frontal gyrus）的神经活动增强；同时，在嫉妒条件下，神经基底节（Basal ganglia，BG）及腹侧纹状体（Ventral straitum）在恋爱后阶段的激活程度比恋爱前阶段的激活程度更强[168]。

不仅如此，有学者提出想象的不忠情境与亲历的不忠情境所诱发的嫉妒情绪在神经表现上可能不同，所以有一部分研究采用磁共振成像技术，来探查在真实的情境下与嫉妒有关的神经活动。例如有研究针对在过去12个月内遭到伴侣背叛的异性恋女性，采用核磁共振技术，来探究在面对真实情境下的伴侣不忠事件时，被试产生嫉妒情绪时有关的脑网络。被试在实验中接受了三种不同类型的音频刺激（自身亲历嫉妒条件、控制条件和中性条件）。其中，自身亲历嫉妒条件（Self-experienced jealousy condition）主要是以音频形式呈现，该内容为提前采访并记录了被试本人所亲历的伴侣不忠事件；控制条件（Control condition）也以音频形式呈现，该内容为他人所经历过的伴侣不忠事件；而中性条件（Neutral condition）也以音频形式呈现，该内容为无意义的文字。研究结果表明，在自身亲历嫉妒条件下（自身亲历嫉妒＞其他条件），与恐惧、愤怒、悲伤等负性情绪相关的脑区激活更强，如脑岛，前扣带回（Antierior cingulate cortex，ACC），内侧前额叶皮层（Medial prefrontal cortex， mPFC）；同时，与习惯形成和强迫症有关的额叶-纹状体-丘脑-额叶回路（Fronto-striato-thalamo-frontal circuit）的活动也相应增强[170]。Harmon-Jones等人运用脑电技术进行研究，采用经典的社会排斥范式——Cyberbal投球游戏范式来诱发被试的嫉妒情绪，结果表明左侧前额叶（Frontal cortex）的激活强度与嫉妒情绪的产生有关[169]。

目前，越来越多的研究采用神经影像技术来探索个体在爱情经历中的大脑活动程度[171, 172, 173, 174, 175]。在与爱情相关的研究中，大部分体现了与奖赏相关的纹状体多巴胺信号系统对激发个体的配对联结的影响，同时爱情的体验也涉及高级认知过程的激活，如社会认知及身体自我表征[176]。另外，多巴胺系统也与性唤醒与性表现有关[177]。爱情与嫉妒之间有着较为紧密的关系，关于爱情经历相关的神经基础研究可能会有助于我们更好地了解嫉妒的神经基础。而且"爱情荷尔蒙"之称的神经多肽催产素对恋爱关系的确立和维持起到了至关重要的作用[178]。

7.3 关于友谊嫉妒的研究

7.3.1 友谊嫉妒的概念

国内外众多学者认为，嫉妒的个体会体验到的一系列消极的情绪，Pfeiffer 和 Wong（1989）认为嫉妒包含大量的负性情感[179]。Parrott（2001）认为嫉妒是个体主观的、对他人持有敌意的消极情绪[180]。国内学者王晓钧（2002）、陈俊嬴（2014）也认为嫉妒是个体感到威胁时会出现负性、敌意的情绪[181，182]。

友谊嫉妒产生于人际交往中，当个体看到自己的好朋友与他人亲密接触时，友谊嫉妒便产生了（Parker & Walker，et al，2005）[183]，友谊关系关系质量下降会让个体感受到威胁，会体验到伤心、愤怒、敌意等一系列消极情绪（Salovey & Rodin，1989; Sharpsteen，1993; 王晓钧，2001）[184，185，186]。Parker 和 Gamm（2003）认为产生友谊嫉妒的个体将自己的好朋友与他人的亲密关系扩大化了，由此体验到更多的嫉妒[187]。杨亦飞（2019）通过对前人的研究梳理，将友谊嫉妒定义为：当个体感到第三个人的存在威胁到自己与伙伴的关系时产生的嫉妒心理[188]。本研究采用杨亦飞对友谊嫉妒的定义。

7.3.2 友谊嫉妒的测量

目前，用于测量友谊嫉妒的工具很少，Parker（2005）编制了适用于青少年的友谊嫉妒问卷，吴莉娟、王佳宁、齐晓栋等（2016）翻译了 Parker 编制的友谊嫉妒问卷，将其应用于中小学中，结果证明其信效度良好，可以用于中小学友谊嫉妒测试[189, 190]。用于测试大学生友谊嫉妒问卷很少，陈艳霞（2019）在有关友谊嫉妒的研究中，编制了《大学生友谊嫉妒量表》，此量表共 10 题，采用 5 点计分，分数越高说明友谊嫉妒水平越高，此量表的 α 系数为 0.905[191]。此外，杨亦飞（2019）利用探索性因子分析技术也编制了《大学生友谊嫉妒问卷》，该问卷共 14 个条目，分为 4 个维度，即人物性质，情绪反应、行为反应、对他人的态度，采用 5 点计分，总的得分越高，体验到的友谊嫉妒越严重[188]。本研究中采用的是杨亦飞的《大学生友谊嫉妒问卷》。

7.3.3 友谊嫉妒的相关研究

友谊嫉妒在人际交往中产生，体现在友情、亲情和爱情中，国内外关于友谊嫉妒的研究并不多，在近些年才受到学者们的关注。友谊嫉妒与攻击行为、自尊、性别研究较多，冯克曼和王佳宁（2017）在探究中学生自尊和道德推脱在友谊嫉妒的攻击关系中发现，中学生在交往中越是容易产生友谊嫉妒，越会采取攻击他人的不恰当行为，并且自尊也和友谊嫉妒有关，高自尊者有相对较低的友谊嫉妒体验[192]。赵明慧（2016）在对高中生人际关系嫉妒的质性研究中得出结论：在人际交往中，当个体看到自己的好朋友与他人有亲密接触时，女生的嫉妒体验高于男生[193]。周宗奎，万晶晶（2005）在探究初中生友谊嫉妒特征与攻击行为的关系研究中发现，产生友谊嫉妒的初中生会对他人进行攻击[194]。陈艳霞（2019）探究了友谊嫉妒与成人依恋和情绪调节的关系，发现情绪调节在成人依恋与友谊嫉妒关系中起部分中介作用[191]。

7.3.4 成人依恋、应对方式、自尊和友谊嫉妒的关系

7.3.4.1 成人依恋与应对方式

成人依恋与应对方式的相关研究有很多，孙佳山（2018）在以应对方式和情绪调节为中介探究成人依恋对婚姻满意度的影响中发现，成人依恋与应对方式存在相关关系[195]。郭庆童（2007）以大学生为被试，在探究成人依恋与应对方式的关系中发现，在依恋关系中，更为焦虑的个体往往会采取消极的应对方式[196]。顾盼盼（2014）在成人依恋与应对方式的关系研究中发现，在人际交往中采取回避的交往方式和对依恋关系表现出焦虑的个体，往往会采用消极的处理方式[197]。翟亚敏（2016）在大学生成人依恋、应对方式与人际信任的关系研究中也得出了一致观点[198]。吕晓博（2018）在以应对方式为中介探究成人依恋与嫉妒体验的研究中发现：大学生成人依恋和应对方式有相关关系，依恋焦虑与积极应对存在负相关关系，与消极应对存在正相关关系[199]。

7.3.4.2 成人依恋与自尊

成人依恋与自尊的研究发现，在童年早期，个体把父母作为依恋对象，在个体需要父母（多为母亲）帮助时，父母如果敏感地捕捉到个体的需求，孩子就会形成一种独特的"无所不能的全能感"，同时认为自己是有价值的，是值得被爱的，这便是孩子养成良好自尊的基础。Mikulincer & Shaver（2004）在研究中证实了这一点，他们在研究中发现，当婴儿表现出需求时，如果父母能够及时察觉并给予帮助，有利于婴儿在早期形成稳定的内部自尊[200]。冯传德（2015）在研究中发现成人依恋与自尊呈显著相关，个体表现出更多的依恋焦虑和依恋回避，个体的自尊发展水平就越低[201]。何影等人（2010）在探究成人依恋、自尊与社会支持的关系中也发现了这一结果。由此可见，成人依恋与自尊

存在密切相关，从而为本研究奠定了夯实的理论基础[202]。

7.3.4.3 成人依恋与友谊嫉妒

成人依恋对友谊嫉妒影响研究在近些年逐渐受到关注。陈艳霞（2019）在探究大学生成人依恋与友谊嫉妒的作用机制的研究中发现，成人依恋与友谊嫉妒存在正相关关系，高依恋焦虑者与高依恋回避者会体验到更高的友谊嫉妒[191]。吕晓博（2018）探究成人依恋与嫉妒体验的关系中发现，成人依恋可以预测嫉妒体验里的人际关系嫉妒，友谊嫉妒是人际关系嫉妒中的一种，高依恋焦虑的大学生更容易产生嫉妒体验[199]。罗贤和蒋柯（2016）在研究大学生嫉妒体验与依恋的关系中发现，依恋焦虑可以预测嫉妒体验，在依恋关系中表现出焦虑的个体，会更多地体验到嫉妒[203]。唐海波和胡青竹（2015）在研究大学生成人依恋、友谊嫉妒和自我分化的关系中发现，依恋焦虑与嫉妒存在正相关关系[204]。李娜（2012）在成人依恋、情绪调节和友谊嫉妒的关系研究中发现，依恋的两个维度——依恋回避和依恋焦虑与嫉妒心理和嫉妒行为存在显著相关关系，个体越是焦虑，嫉妒体验就越多，而个体采取回避策略时，如避免与同伴过于亲密，反而体会到的友谊嫉妒就会越少[205]。

7.3.4.4 应对方式与自尊

许多研究均表明自尊作为比较稳定的人格特征会对应对方式也产生一定的影响，黄希庭（2000）的研究表明，个体采取何种应对方式受自尊的影响[206]。井世洁（2010）在探究大学生的自尊与社会支持在控制点和应对方式之间的关系时，发现自尊与应对方式存在显著相关关系，自尊水平高的个体，会采取合适的应对方式[207]。陈红（2002）的研究表明，如果一个人的自我价值感比较高，会对自己比较有信心，会主动解决遇到的困难[208]；如果一个人在面对困难时采用幻想式的应对方式，那么这个人更多呈现出来的是低自我价值感。同年，赵荣霞

（2002）等人对中学生的应付方式和自尊的相关研究中发现，应对方式与自尊水平相互影响，遇到问题选择积极主动去面对的高中生，更容易取得成功，成功的经验会提高学生的自尊水平，高自尊又会促进学生采取积极的应对方式，会形成有效的良性循环[209]。

7.3.4.5 应对方式与友谊嫉妒

焦金梅（2010）以大学生作为被试，通过了解学生们的生活习性以及面对事情的心理表现探求二者之间的关系，结果表明个体采取消极的应对方式，则表现出嫉妒的心理，并且想通过外界不好的事物进行发泄；而个体采取积极的应对方式，则表现出更加阳光、宽容的心态[210]。所以我们可以很明显地看出积极的应对方式和消极的应对方式都与嫉妒心理之间存在联系。杨光艳（2007）在研究中也得出了相同结论：嫉妒与消极应对呈显著正相关，而与积极应对呈负相关，说明个人采取积极的应对方式会产生良好的心态，避免出现嫉妒心理，让自身保持更加平和的状态；消极的应对方式不仅会产生嫉妒心理，还会影响自身的身心健康状态[211]。李珊（2014）在探究成人依恋与嫉妒的关系研究中同样也发现：个体越是消极应对，越可能引发嫉妒体验，而积极应对则对人际关系嫉妒的缓解起到一定作用。由此可见，应对方式和友谊嫉妒密切相关[212]。

7.3.4.6 自尊与友谊嫉妒

何腾腾，张进辅（2012）在大学生内控性嫉妒与自尊的研究中发现自尊与嫉妒存在相关[213]。杨亦飞（2019）以大学生为被试，编制了测量大学生友谊嫉妒问卷，他在研究中发现，友谊嫉妒与自尊存在相关关系，低自尊的个体在人际交往中缺乏自信，对人际交往存在困惑，很难建立良好的人际关系，当出现他人和自己的好朋友在一块谈笑的情况时，个体会认为自己不如他人，会因为过分介意而产生嫉妒[188]。王敏（2017）在高中生父母教养方式、自尊与嫉妒心理的关系研究中发现，自尊与一般人际关系嫉妒是呈现负相关关系，友谊嫉妒是在人际关系中产生的，高自尊的个体比低自尊的个体更有自信可以建立良好的伙伴关系，也更信任与另一半的友谊关系，看到自己的伙伴与他人接触会更放心，嫉妒体验略少[214]。冯克曼、王佳宁（2017）在以中学生为被试，探究自尊和道德推脱在友谊嫉妒的攻击关系中发现，高自尊水平者能够更少的受到嫉妒情绪的影响，会主动地缓解嫉妒情绪[192]。胡芸、张荣娟等人（2005）在嫉妒与自尊、一般效能感的关系研究中发现，大学生的嫉妒与自尊是呈负相关关系，高自尊的大学生比低自尊的心理素质要高，且在嫉妒情景中低自尊的大学生比高自尊的大学生会更加敏感，体验到的嫉妒也较多[215]。

7.4 同胞关系的头胎幼儿的嫉妒、情绪调节能力与父亲教养方式的相关研究

7.4.1 同胞关系的头胎幼儿的嫉妒与情绪调节能力的相关研究

嫉妒是一种普遍的经历，对亲子关系和同伴关系有着持久的影响。在幼儿时期，幼儿们面临着一系列的发展任务，包括情绪和行为的调节，同胞关系是儿童试图掌握这些目标的一种背景。尽管兄弟姐妹关系中并没有区分敌对、冲突和嫉妒，但这些都是兄弟姐妹关系的特征，是相互交织在一起的[216]。在兄弟姐妹嫉妒的情况下，发现社会三角既包括兄弟姐妹，也包括另一个人，通常是母亲或父亲[217, 218]。年长的兄弟姐妹在与父母交流、沟通中体验到嫉妒时，其情感理解与行为失调有显著的相关性，情感理解较好的兄弟姐妹会表现出较少的行为失调以及更少的体验到嫉妒心理。年龄较大的学龄前儿童比他们的年幼的兄弟姐妹更善于自我调节和较少依赖。因此，对于年龄较大的兄弟姐妹，在组织层面（即嫉妒情绪和行为之间的关系）可能更为熟练[217]。研究表明，

母亲和父亲之间的会话顺序是儿童的嫉妒的最有力的预测因素之一，那些初学走路的儿童与年长儿童相比，首先表现出更多的嫉妒情绪和行为失调。对别人的情感有更深刻理解的儿童，在情感上更善于接受，并且有能力去同情他人[219]。年龄较大的儿童不会因为愤怒而简单地做出反应，他们不会被期望在嫉妒范式中表现出情感上的反应，因为他们能够以一种更加积极的、移情的方式来唤起更幼小的兄弟姐妹的情感，从而对社会情境进行认知处理。大一点的儿童可能更容易理解为什么他们的父母会把更多的注意力放在弟弟妹妹身上（比如，她是我的小妹妹，经常哭），而不是自己身上，这种理解帮助他们有效地处理嫉妒[221]。

7.4.2 同胞关系下头胎儿童的情绪调节能力与父亲教养方式相关研究

帮助儿童发展适当的情绪调节技能是父母为他们的未来在社会中准备的一个重要角色[220]。有研究发现，父母教养方式能够预测儿童的情绪调节[221]，温暖的父母教养方式与儿童情绪调节有显著的正相关[222]。因此儿童的情绪调节能够影响父母教养与儿童心理发展的关系。大多数关于情绪调节发展的研究都集中在母子二代，而越来越多的研究也涉及父子二代，这主要是因为母亲在家庭中处于主要的照顾者地位，因此在儿童们的痛苦时期更受青睐[223]。情绪调节中包括学习策略以及适当地实施这些策略。从理论上讲，母子关系可能是促进情感调节策略学习的主要来源之一，父子关系可能成为促进策略实施的主要来源之一[224]。在父子游戏中常见的现象是不稳定、不可预测性和情绪高涨[225]。亲子游戏的不稳定属性可能要求儿童适应并适当地监控自己的情绪，享受父爱的游戏。尽管父亲和儿童玩耍的时间是不可预测的，但在玩游戏的时候，蹒跚学步的儿童更倾向于父亲而不是母亲[223]。

儿童在和父亲玩耍时表现得比和妈妈在一起时更积极。此外，在父亲与儿童之间的互动中，儿童在情感上也可以得到更多的积极影响[217]。

7.4.3 同胞关系下头胎儿童的嫉妒与父亲教养方式的相关研究

年长的兄弟姐妹如果受到挑战，他们会更嫉妒。因为他们觉得自己和父亲在一起的时间被骗了，特别是当自己哭泣的弟弟妹妹取代了自己的位置，弟弟妹妹得到了父亲的全部关注。除此之外，父亲的促进管理行为是弟弟妹妹与儿童行为失调的重要预测因素，这表明父亲在处理社会关系中所表现出的对儿童的促进管理行为促使了儿童的嫉妒心理的产生。年长的兄弟姐妹在与母亲关系不太稳定的情况下，更倾易于表现出行为失调，而这些儿童的父母往往会报告出更多的消极和不积极的婚姻关系。当父亲们认为兄弟姐妹间存在更多的竞争时，儿童则会表现出更多的行为失调，而且儿童对他们的父亲存在着不安全的依恋，并且容易发怒。令人惊讶的是，没有一个儿童或家庭的特征能预测出年长的或年幼的兄弟姐妹的嫉妒情感和行为的失调。然而，如上所述，在嫉妒范式中，父亲的行为是最终回归分析中一个重要的预测因素，它检验了儿童的行为失调，这表明父亲能够为这些年幼的儿童提供必要的帮助来规范他们的嫉妒行为。由于缺乏对童年嫉妒的研究，特别是儿童嫉妒与父亲关系的研究，很难知道究竟是什么原因来解释目前的研究中发现的现象。也许家庭生活的某些方面可以更好地预测儿童们在父亲和兄弟姐妹之间的嫉妒，只有继续调查儿童的嫉妒心理，才能了解儿童和家庭的特点如何预测父亲对儿童行为的影响[226]。

综上所述，在同胞关系下头胎儿童面临着发展情绪调节的挑战，情感理解能力较好的儿童更能进行自我调节情绪，从而减少嫉妒心理的产生。在同胞关系阶段，父亲的关爱与陪伴能稳定头胎儿童的情绪与行为，促进头胎儿童积极情绪的发展，并且父亲在二孩家庭中对社会三角关系的管理能够控制儿童的嫉妒心理[220]。

已有研究在嫉妒、情绪调节能力与父亲教养方式方面取得较为丰富的成果，但是现阶段国内外研究并存在以下不足。首先，二孩家庭中头胎儿童的嫉妒研究还有待拓展。目前对嫉妒的研究主要集中于成人与两性、恋爱等方面，而很少关注对头胎儿童嫉妒特点进行分析。尽管部分研究者对儿童的嫉妒进行了整合与分析，但未将儿童的嫉妒与其家庭环境、同胞关系进行联系，没有针对研究头胎儿童在同胞关系这一阶段的嫉妒特点。因此，本研究结合家庭环境与同胞关系，通笔者过自编的嫉妒研究材料对小学头胎儿童的嫉妒做进一步分析。其次，父亲的教养作用受到忽视。在同胞关系这一阶段，由于母亲将精力集中在弟弟/妹妹身上时，头胎儿童便会受到一定程度上的忽视，因此父亲此时的关爱与教养显得尤为重要。而目前的研究中，对于父亲教养的研究较少，鉴于在同胞关系下父亲的教养作用较大，能够有效地控制与稳定头胎儿童的情绪与行为，因此本研究将在同胞关系下对头胎儿童的父亲教养方式进行分析与探讨[220]。

第二部分 问题的提出

1 以往研究存在的问题及展望

1.1 对于幼儿嫉妒的研究工具有待完善

嫉妒作为人社会性发展的一个必不可少的部分，一直备受研究者们的关注。尽管嫉妒对儿童的发展有重要的作用，也受到一些研究者的关注，但对于嫉妒的研究大多数集中在大学生及成人的研究中，并且多为关于恋爱嫉妒的研究。而幼儿嫉妒的研究都一直处于低迷状态，其中一个重要的原因是对嫉妒的研究方法比较单一，缺乏合理的测评幼儿嫉妒的工具，特别是我国幼儿嫉妒领域的实证研究更是鲜为人知。以往研究多采用自我报告、量表法或问卷法对其进行研究，然而3~6岁的儿童尚不具备做出正确的自我评价的能力或者说不具备正确表达自己想法的能力，采用自评的方式显然并不十分地恰当。

已有研究证明了对于3~6岁幼儿的评定，选用日常生活中的重要他人（父母、教师等）评定也是十分客观、有效的[226]。父母与教师虽然同为幼儿的重要他人，对幼儿有着全面的了解，但由于父母具有望子成龙或望女成凤的倾向或期望，受到社会赞许性的影响，在评价孩子时会受到对评价结果的顾虑以及对孩子了解的片面性等因素的干扰，对儿童的评价会存在一定偏差性。教师可能会对众多儿童中的某些儿童有所偏爱或偏见，或者对一些儿童疏忽导致评定结果不准确，因此出现不一致的研究结果。这种不一致可能是内涵一致，但表现不同，或者内涵与表现都不一致，到底是什么原因仍应进行研究。基于具体情境的评价，可以增加结果的信效度，减少社会需求偏见所带来的污染[227]。因此，采用情境实验观察法是十分必要和急需的，这样可以更加客观真实地对幼儿的嫉妒行为进行观察和评定。

1.2 幼儿嫉妒发展特点研究不够深入

幼儿期是自我意识情绪发展与变化的重要时期，也是嫉妒发展的快速时期，其各维度随着年龄的成熟及社会文化环境的影响则呈现出不同的发展趋势。为此要求我们要准确捕捉幼儿嫉妒的发展变化，探索幼儿嫉妒发展的规律，从而为教育提供理论基础。

幼儿嫉妒发展特点目前尚缺乏进行比较系统地研究。虽然有的学者对其进行过研究，但是缺乏系统性。例如，3岁以前幼儿的嫉妒具有本能性特征，类似于进化过程中的自我保护机制，只要有人接近母亲，他们都会感到是一种威胁，虽然他们的言语表达能力有限，但是他们会采取一些消极行为，如生气、愤怒、报复行为、干扰行为等，以便可以持久地独占母亲的关注与爱，以达到生存的目的[54, 228, 78]。而3~6岁的儿童嫉妒发展较为成熟，不仅会采取更为温和的行为并结合较为丰富的言语来表达嫉妒，而且对嫉妒的情境有了更为深刻的理解，知道什么会对自己的重要关系造成威胁,这时他们的嫉妒反应已开始有所分化，即与陌生人相比，当母亲关注或倾向于同龄幼儿时，更能引起3~6岁儿童的嫉妒[79, 78]。可见，3~6岁儿童嫉妒的发展已经较为成熟。但3~6岁儿童阶段的嫉妒的年龄发展趋势到底如何？是随着年龄的增长呈现出上升还是下降的趋势？幼儿嫉妒各年龄段的发展特点是什么？在哪个年龄段幼儿嫉妒发展比较快速或更为敏感？这些问题尚待我们系统深入地进行研究。

目前对于幼儿嫉妒发展的性别差异的研究不足。以往研究大多以进化理论为研究背景，认为成人基于恋爱背景下产生的嫉妒存在一定程度上的性别差异，男性和女性由于不同的认知动机导致其嫉妒行为的差异性[92~94, 62, 95, 96]。然而在中国文化背景下，3~6岁儿童在嫉妒方面是否存在性别差异？男孩的嫉妒水平是否高于女孩？还是女孩的嫉妒水平高于男孩？这些问题都有待于我们做出进一步的研究。厘清幼儿嫉妒发展的问题有助于我们对幼儿嫉妒进行干预，为培养方案提供必要的理论依据。

1.3 缺乏在学前集体环境中对幼儿嫉妒发展的研究

对于成人爱情嫉妒和婴儿亲子嫉妒的研究一直是研究领域中的重点，在学前集体环境中特别是在幼儿园的集体环境中，幼儿与教师间嫉妒的发展研究相对较少。随幼儿年龄的增长，幼儿园已经成为幼儿参与社会活动和社会适应性发展的主要场所，教师在幼儿生活中的地位日渐显著，幼儿对教师的依恋日渐突显，对于幼儿来说，师幼关系已成为他们重要关系之一。

因此，在未来的幼儿嫉妒研究中，从应用角度出发，对于在幼儿园集体环境中幼儿嫉妒发展及其影响因素的研究将是一个重要的研究课题。

1.4 对幼儿嫉妒相关影响因素的研究不足

目前有学者从自尊、教养方式、文化环境等方面对嫉妒的影响因素进行研究，但对个体内部加工过程的研究重视程度不够。嫉妒跨文化研究表明，不同文化间的嫉妒存在一定的差异，这是因为在不同文化环境下成长的个体，对嫉妒的理解有所不同。此外有学者认为，不同的认知水平产生不同的嫉妒行为。在嫉妒的加工过程中，哪些因素起到了影响作用，以及这些因素如何作用于嫉妒的加工过程尚不明确。嫉妒是一种复杂情绪，其产生需要认知过程的参与，需要对他人心理状态和行为进行分析，同时需要根据对自己与他人进行比较推理，需要抑制自己的优势反应，最终决定自己将要采用的行动策略。据此可见这一过程可能需要心理理论和抑制控制的参与。

由此可见，幼儿嫉妒的发展可能受到幼儿心理理论、抑制控制发展水平的影响。探讨幼儿嫉妒与心理理论、抑制控制间的关系将有利于补充嫉妒内部影响因素的研究。

2 研究的总体思路

本研究将从嫉妒结构、行为，及相关影响因素三方面入手对其进行研究，探讨嫉妒的发展趋势与特点。研究嫉妒首先要具备有效测量嫉妒的工具，研究的起点从嫉妒评定工具的编制入手，探讨幼儿嫉妒的结构，并进而探讨 3~6 岁儿童嫉妒的发展特点。对嫉妒结构的研究主要通过设计情境实验和老师访谈从而对儿童嫉妒的行为进行描述，进一步找出行为具体的发展特点。最后通过综合探讨其内部因素心理理论、抑制控制对嫉妒的影响，对其进行系统的研究。

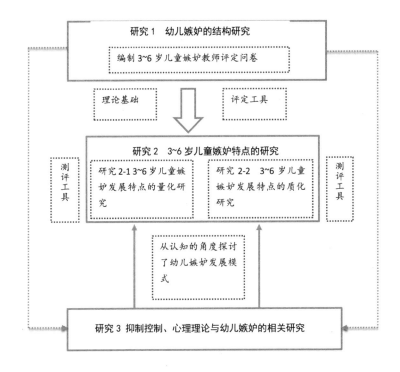

图 2-1 研究总体思路

3 研究的基本问题与假设

本研究的主要内容与假设如下：

研究一，3~6 岁儿童嫉妒的结构研究。在梳理和总结前期研究的基础之上，形成初步的理论建构，结合访谈及开放式问卷编制了初始问卷《3~6 岁儿童嫉妒教师评定问卷》，通过探索性因素分析与验证性因素分析方法对初始问卷进行探索与检验，最终得到幼儿嫉妒的结构。在此基础之上，对问卷的信度进行了检验（内部一致性信度、分半信度、重测信度、评分者一致信度），同时又考察了问卷的效度（内容效度、结构效度、构念效度）。其中，本研究从教师评定与幼儿自我表现两方面为立足点，整合了问卷法和情境实验法，并采用多质多法（MTMM）相关矩阵对问卷的构念效度进行检验。

根据理论建构，提出了以下假设：

(1) 3~6 岁儿童嫉妒的教师评定问卷的信度与效度良好。

(2) 幼儿嫉妒结构由关系威胁和自尊威胁两个维度构成。

研究二，3~6 岁儿童嫉妒的发展特点。首先通过笔者自编问卷——《3~6 岁儿童嫉妒教师评定问卷》和情境实验对 3~6 岁儿童嫉妒的年龄发展特点与性别差异进行量化研究。在此基础之上，为深入探索幼儿嫉妒发展趋势下具体的行为表现，本研究采用了质化研究，通过扎根原理、观察法、焦点团体访谈的方法对幼儿嫉妒反应的具体行为表现进行整理与分析，考察幼儿园小、中、大班幼儿嫉妒的发展特点。

本研究提出以下假设：

(1) 幼儿嫉妒发展的年龄差异显著，随年龄的增长嫉妒反应呈下降趋势。

(2) 幼儿嫉妒的性别差异显著，女孩嫉妒高于男孩。

(3) 嫉妒各维度间存在年龄发展的差异性。

(4) 问卷法与情境实验法的研究结果基本一致。

研究三，幼儿嫉妒与抑制控制和心理理论的关系研究。根据认知—现象—情感理论与前人的实证研究可见，嫉妒与认知过程紧密相连[126, 127]。对此本研究选取认知领域中的两个重要因素—抑制控制和心理理论，重点探索抑制控制、心理理论与幼儿嫉妒之间的关系。为了进一步厘清抑制控制、心理理论与幼儿嫉妒三者之间的关系，本研究中运用中介效应的检验方法，考察了抑制控制、心理理论对幼儿嫉妒的中介作用机制。

本研究提出以下研究假设。

(1) 抑制控制对幼儿嫉妒具有直接预测作用。

(2) 心理理论在抑制控制与幼儿嫉妒之间起着中介作用。

4 本研究的创新性及意义

本研究是对 3~6 岁儿童嫉妒发展比较全面的研究。通过本研究，可以对 3~6 岁儿童嫉妒发展的全貌有个概括性的了解与认识。

4.1 研究的创新性

4.1.1 编制了 3~6 岁儿童嫉妒评定问卷

纵观国内外有关嫉妒的研究，目前尚未发现有针对幼儿的嫉妒评定问卷。本研究采用多主体评定（教师评定、儿童参与情境实验）3~6 岁儿童嫉妒发展，不但可以验证嫉妒结构跨情境的稳定性，并根据嫉妒结构设计幼儿嫉妒评定的情境实验。

4.1.2 填充国内外有关幼儿嫉妒发展特点的研究理论

有关 3~6 岁儿童嫉妒发展特点的研究目前国内外尚有缺乏，尤其是国内对幼儿嫉妒发展特点进行探讨较少。本研究通过《幼儿嫉妒教师评定问卷》考察 3~6 岁儿童嫉妒的发展趋势，不仅探讨了嫉妒及各维度的年龄发展的趋势，得到了幼儿嫉妒快速发展的时期，对不同性别幼儿嫉妒发展的差异性进行了研究。此外，从更为细致和动态化的角度探讨了 3~6 岁儿童嫉妒发展的特点。

4.1.3 探讨心理理论、抑制控制与嫉妒的关系

目前对嫉妒影响因素的研究尚不多见，大部分研究者仅考察了自

尊、情绪稳定性、教养方式等因素对嫉妒的影响，尚没有研究内部认知因素对幼儿嫉妒的影响。本研究以内部因素为出发点，从认知层面探讨心理理论、抑制控制与嫉妒的关系。以期得到通过对抑制控制自己的反应优势或冲动性，以及对他人心理状态和行为的推测、分析与解读，采取最有利的策略来处理目前所处的境遇。从而对影响嫉妒的认知加工过程有一个比较深入的了解。

4.2 研究意义

(1) 虽然嫉妒是一种社会不赞许的行为，但却是儿童社会化的重要方面。对我国幼儿嫉妒进行探索，了解儿童嫉妒的产生机制既有助于促进幼儿社会交往技能的发展及社会关系的建立，同时又有助于对高嫉妒儿童的不良情绪与行为进行干预和调节，不但具有极其重要的理论价值，还对促进其行为发展和社会适应有重要的实践意义。

(2) 目前我国尚未有测量幼儿嫉妒进行评价的工具，本研究的主要目的就是对婴幼儿的嫉妒进行多方式的测量，并编制相应有效的工具，弥补我国相应领域的不足，并可以为相关的研究人员或教师、家长对幼儿嫉妒进行科学测量，不仅具有极高的实践意义，还具有一定的社会价值。

(3) 对于影响嫉妒加工机制进行研究，可以发现引起嫉妒水平发展差异性的认知因素，为高嫉妒幼儿的干预及调节提供理论框架和参考，具有重要的理论和实践价值。

第三部分 实证研究

研究 1 3~6 岁儿童嫉妒的结构研究

1 研究目的

由文献可知，我国尚没有探讨 3~6 岁儿童嫉妒发展的测评工具。本研究拟编制 3~6 岁儿童嫉妒教师评定问卷，并进一步研究幼儿嫉妒的结构。

2 研究假设

(1) 3~6 岁儿童嫉妒的教师评定问卷的信度与效度良好。

(2) 幼儿嫉妒由自尊威胁和关系威胁两个维度组成。

3 研究方法

3.1 研究对象

(1) 开放式问卷样本：

家长开放式样本：从大连市和沈阳市各选一所幼儿园，小、中、大班各3个班级的幼儿为被试，发放家长开放式问卷200份，回收有效问卷186份，其中小班（3~4岁）58人，中班（4~5岁）63人，大班（5~6岁）65人，男女相当。进行幼儿嫉妒开放式问卷调查。

幼儿教师开放式样本：从大连市1所幼儿园和沈阳市2所幼儿园选取小、中、大班带班半年以上的幼儿教师30名，每名幼儿教师描述6名幼儿在幼儿园中的嫉妒时候的行为表现，在什么情况下会产生嫉妒，发放教师版开放式问卷200份，回收有效问卷191份。

(2) 访谈样本：从大连市一所幼儿园选取小、中、大班带班时间为3年以上教师为被试，共28名，对其进行访谈。

(3) 项目分析样本：选用笔者自编的"幼儿嫉妒教师评定问卷"对沈阳市2所幼儿园中的400名幼儿进行调查，有效的被试为380名（男孩193名，女孩187名）。其中3岁幼儿92名，4岁幼儿94名，5岁幼儿98名，6岁幼儿96名。

(4) 正式施测样本：从沈阳市2所幼儿园随机选取小、中、大班的幼儿856名，有效被试771名。其中用于探索性因素分析的样本为364名（男孩192名，女孩172名），3岁幼儿89名，4岁幼儿96名，5岁幼儿98名，6岁幼儿81名。用于验证性因素分析样本407（男孩221名，女孩186名），3岁幼儿112名，4岁幼儿119名，5岁幼儿96名，6岁幼儿80名。

（5）信度样本：从沈阳市1所幼儿园中随机选取280名幼儿，作为内部一致性信度、分半信度、重测信度及评分者一致性信度的被试。其中男孩146名，女孩134名；3岁幼儿82名，4岁幼儿74名，5岁幼儿76名，6岁幼儿48名。

（6）构念效度样本：从沈阳市1所幼儿园小、中、大班随机选取幼儿共120名（男孩65名，女孩55名）。3岁幼儿31名，4岁幼儿32名，

5 岁幼儿 28 名，6 岁幼儿 29 名。

3.2 研究程序

3.2.1 理论建构

从文献检索对嫉妒结构的分析可以看出，以关系威胁和自尊威胁作为嫉妒构成要素的观点是科学的，它体现了社会取向和个人取向的双重标准，而且得到了许多心理学家的认可。如 White 结合动机和威胁两种因素来探讨嫉妒的反应模式，研究结果发现嫉妒源于两种不同的威胁，即面临失去关系与失去自尊所带来的威胁，无论哪一种威胁均可能引发嫉妒并在情绪和行为上做出反应[25]。在此基础之上，Maths 等研究者通过研究发现，两种不同来源的威胁（失去关系与失去自尊）可以激发个体产生不同的情绪反应，具体而言，个体会因面临失去关系所带来的威胁而产生压抑情绪，而面临失去自尊所带来的威胁则会激起个体愤怒情绪的产生[49]。

Shettel 以嫉妒产生的动机为主线，探讨个体在嫉妒情景下选择何种行为方式是保持关系和保护自尊这两种动机所决定的，并据此得出嫉妒由保护自尊和维持关系两个维度所构成。上述嫉妒结构均体现了嫉妒由关系威胁和自尊威胁两个维度构成，既反映了嫉妒结构的社会取向，又体现了嫉妒结构的个人取向。其中关系威胁指个体在维护社会关系或对社会关系进行比较时，所体验到的嫉妒情绪，这体现了嫉妒的社会取向；而自尊威胁体现了在进行个体间的比较时所形成的对自我的评价，这体现了嫉妒的个体取向[23]。

虽然对嫉妒结构的研究众说纷纭，但笔者认为只有立足于整合社会取向和个人取向的视角对嫉妒结构进行研究才是比较完善的。嫉妒作为自我意识情绪的构成要素，是指个体已有的某种重要关系受到威胁或面临丧失时所体验到的一系列消极情绪。嫉妒是关系威胁和自尊威胁的有机统一。关系威胁指个体对自己的社会关系进行比较时，因重要关系受到威胁或丧失所体验到的嫉妒情绪，体现了嫉妒的社会取向；而自尊威胁指个体间进行比较的时候所形成的自我评价，体现了嫉妒的个人取向。由此，我们认为嫉妒由关系威胁和自尊威胁两个维度构成。关系威胁是指当个体面临对自己重要的或是有价值的关系受到实际（潜在）的威胁或即将失去的时候所体验到的情绪及表现出的一系列行为（面部表情、言语及行为）反应。自尊威胁是指当重要的他人倾向于竞争者或被竞争者吸引时，因自己与竞争者相比不占据优势并形成对自我的消极评价，由此所体验到的消极情绪及现出的一系列行为（面部表情、言语及行为）反应。但嫉妒二因素结构理论也存在一些问题，有关嫉妒二因素结构的实证研究仅仅涉及成人的恋爱嫉妒层面，缺乏从儿童嫉妒层面的实际验证，由此我们从幼儿嫉妒层面，对嫉妒的结构进行了探讨及实际验证。

3.2.2 编制 3~6 岁儿童嫉妒初始问卷

（1） 开放式问卷调查

为了全面了解幼儿嫉妒发展，深入考察幼儿嫉妒的结构，我们进行开放式问卷的调查，并对幼儿教师进行访谈。然后，我们对收集到的关于幼儿嫉妒的原始资料进行归纳、分类、编码建立概念类属，据此通过系统分析与综合建立核心类属，最终形成理论框架，并结合理论建构编制幼儿嫉妒初始问卷。

首先，设计了关于幼儿嫉妒的家长开放式问卷，请幼儿家长回忆引发幼儿嫉妒的事件，包括嫉妒发生时的具体情境以及幼儿当时的行为表现。

其次，设计了关于幼儿嫉妒的教师开放式问卷，请幼儿园教师描述幼儿嫉妒发生时的情境和幼儿当时的行为表现。

（2）进行编码

整理原始资料与编码，编码原则如下：① 如果教师或家长只描述了事件（情境）和具体行为，没有写出词汇，把这种句子标示为描述幼儿嫉妒特点的词汇；② 如果列出的词语与对应行为表现不一致，按照行为所体现出的内涵标出相应的词语；③ 把意思相近、相似的行为归为一类。最终归纳出 2 个类属并进行码号频次的统计，第一个类属为幼儿面临失去有价值的关系（亲子关系、师幼关系和同伴关系）时所体验到的嫉妒；另一个类属为幼儿失去自尊（丢面子）时所体验到的嫉妒，使幼儿嫉妒的结构更清晰和明确，见表 1-1。

表 1-1 3~6 岁儿童嫉妒结构编码表（n = 191）

类 属	码 号	总数	百分数	具体行为表现举例
关系威胁	注 视	103	41.87	一直看着老师（家长）及其与其他小朋友所从事的活动
	寻求帮助	18	4.22	主动向老师（家长）求助，以引起关注
	参 与	26	6.13	放下自己正在做的事情，主动参与到老师（家长）与其他小朋友正在从事的活动中去
	接 近	32	13.01	主动靠在老师（家长）的身边，或搂住老师（家长）
	介 入	10	4.06	硬要挤在老师（家长）与其他小朋友中间
	插 话	9	3.66	当老师（家长）与其他小朋友交谈时，主动接话或插话
自尊威胁	言语攻击	21	8.54	他做得不对或他做得没有我好
	好 胜	10	4.07	当老师（家长）表扬其他小朋友时，要表现得比其他小朋友更好
	悲 伤	8	3.25	当老师（家长）亲近或表扬其他小朋友时，皱眉、不快
	反抗行为	9	3.66	发脾气、哭闹
	总 数	246	100	

（3） 形成初步问卷

首先，根据理论建构，对收集到的关于幼儿嫉妒的原始资料进行分析、归纳与编码，发现概念类属，发现和建立概念类属之间的各种关联，通过系统分析选择核心类属，最终形成有关幼儿嫉妒结构的理论建构。在此基础之上，编制形成由38道题目构成的初始问卷。然后邀请有关发展心理学方向的专家（4人）、博士生（5人）、硕士研究生（8人）、幼儿教师（10人）对自编问卷的38个项目的适宜性与可读性进行评定。修改表达含糊不准确的项目，删除表达抽象晦涩的项目，删除了5个在幼儿园不具有普遍性的项目，最终形成33道题的预测问卷。

问卷采用5等级记分标准，"非常嫉妒"记5分，"有一些"记4分，"不太确定"记3分，"很少嫉妒"记2分，"从不嫉妒"记1分。

3.2.3 预测

发放初始问卷，对初始问卷进行项目分析。

3.2.4 正式施测

通过对已有研究进行梳理和总结，形成3~6岁儿童嫉妒教师评定正式问卷，并对已有题目进行项目分析，剔除未达到标准的题目，在此基础之上对"3~6岁儿童嫉妒教师评定问卷"进行探索性因素分析和验证性因素分析，从而形成评定幼儿嫉妒的有效工具。此后，对问卷的信度（内部一致性信度、分半信度和重测信度）和效度（内容效度、结构效度及构念效度）进行检验。其中构念效度采用多质多法相关矩阵对情境实验与问卷法所收集的数据进行分析与处理。

3.3 统计处理

本研究应用统计软件SPSS16.0对数据进行相关分析和探索性因素

分析，再使用 AMOS17.0 软件对数据进行验证性因素分析处理。

4 研究结果

4.1 项目分析

项目分析结果表明，剔除多重相关平方和系数未达到 0.3 的项目（题目 5 和题目 12），删除校正后的题总相关系数未达到 0.3 的项目（题目 3 和题目 25）。其他项目题总相关介于 0.316~0.583 之间，予以保留，形成一份 28 道题的正式问卷，见表 1-2。

表 1-2 幼儿嫉妒项目分析表（n = 380）

题目	校正后的题总相关	多重相关的平方	题目	校正后的题总相关	多重相关的平方
1	0.518	0.481	19	0.361	0.445
2	0.473	0.406	20	0.583	0.522
4	0.482	0.508	21	0.547	0.488
6	0.491	0.508	22	0.504	0.519
7	0.440	0.462	23	0.600	0.543
9	0.518	0.530	24	0.421	0.342
10	0.491	0.460	26	0.572	0.499
11	0.433	0.495	27	0.438	0.455
13	0.429	0.507	28	0.478	0.496
14	0.445	0.377	29	0.493	0.456
15	0.519	0.532	30	0.527	0.483
16	0.550	0.472	31	0.316	0.368
17	0.370	0.382	32	0.376	0.455
18	0.392	0.335	33	0.514	0.537

4.2 探索性因素分析

首先，主要通过 *KMO* 检验与 *Bartlett* 球形检验，来检验对数据进行探索性因素分析的可行性。结果表明，*KMO* 值为 0.874，表明变量间的共同因素较多，能够充分解释变量之间的关系，说明数据适合做探索性因素分析；*Bartlett* 球形检验 1263.639（p<0.001），达到显著性水平，表明变量之间的相关性较高，本研究得到的数据可以做探索性因素分析。其次，对数据进行主成分分析，通过极大方差正交旋转从 28 个项目中提取公共因子。因子数目的确定原则如下：保留特征值大于 1 的因子；各因子上的题目数量不得少于 3 个；剔除两个或以上的因子具有相似的因子载荷的题目（以小数点后第一位相同为标准），最终保留 13 个题目，见表 1–3。

表 1–3 各因素特征值、贡献率及累计贡献率

因素	特征值	贡献率	累计贡献率
1	3.474	26.725%	26.725%
2	3.438	26.446%	53.171%

从结果中可以发现，特征值大于 1 的因素有 2 个。这也符合碎石图的陡阶检验（见图 1–1）。第一个因素的累计贡献率 26.725%，指当个体面临对自己重要的或有价值的关系（亲子关系、师幼关系和同伴关系）受到实际（潜在）的威胁或即将失去的时候所体验到的一种情绪及表现出的一系列行为（面部表情、言语及行为），命名为关系威胁。

第二个因素的累计贡献率 53.171%，指当重要的他人倾向于竞争者或被竞争者吸引时，与竞争者相比，产生消极的自我评价并体验到一系列消极情绪及表现出的一系列行为（面部表情、言语及行为），命名

为自尊威胁。2个维度一共包括13道题目，初步得到幼儿嫉妒的结构。尽管如此，探索性因素分析主要受数据驱动，要从理论层面考察结构的合理有效性还需要采用验证性因素分析技术。

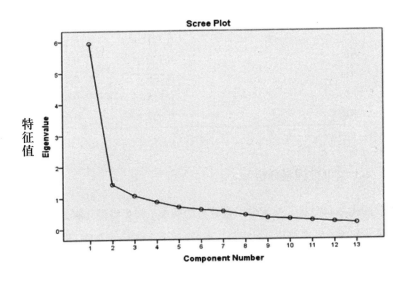

图1-1　探索性因素分析碎石图

如表1-4所示，幼儿嫉妒各维度因子载荷在0.465~0.837之间，共同度在0.456~0.580之间。

表1-4　探索性因素分析各维度载荷和共同度（n =364）

项目	关系威胁	自尊威胁	共同度
T28	0.762		0.580
T33	0.735		0.542
T30	0.707		0.508

项目	关系威胁	自尊威胁	共同度
T20	0.696		0.556
T16	0.679		0.492
T21	0.651		0.456
T23	0.608		0.524
T4		0.741	0.564
T7		0.731	0.539
T9		0.729	0.560
T8		0.728	0.543
T15		0.715	0.529
T6		0.697	0.519

4.3 验证性因素分析

根据项目分析、探索性因素分析的结果，初步将幼儿嫉妒结构的维度确定为关系威胁和自尊威胁。根据初步确定的因子及因子所包含的题目，建构验证性因素分析的模型，具体分析结果见图1-2。本研究选择拟合指数（绝对拟合指数与相对拟合指数）对幼儿嫉妒结构的验证性因素分析结果的有效性进行检验。

①绝对拟合指数

绝对拟合指数是将理想模型与饱和模型比较得到的一个统计量，主要包括卡方值（X^2）、卡方自由度比值（x^2/df）、RMR、$SRMR$、$RMSEA$、GFI。卡方值（X^2）愈小说明样本数据与理想模型的拟合程度愈好。卡方自由度比值（x^2/df）越小说明拟合程度越好，其值在 2.0 至 5.0 之间说明模型拟合程度可以接受。RMR 为残差均方和平方根，值越小越可以证明样本数据与假设模型越契合。$SRMR$ 为标准化残差均方根，与 RMR 不同之处在于，前者使用了标准化的指标，值在 0~1 之内，值越小表示假设模型的拟合度越好，一般小于 0.08 可以接受，大于 0.08 表示拟合不好；而后者则用于原有量度单位，其值的下限为 0。
RMSEA 为渐进残差均方和平方根，值为介于 0.05~0.08 之间表示拟合良好，值越小表示模型拟合度越好。*GFI* 为适配度指数，用于表示观察矩阵中方差与协方差可被复制矩阵预测得到的量，其值介于 0~1 之间，越大表示模型的适配度越佳。*AGFI* 为调整后的适配度指数，其值范围与 *GFI* 相同。

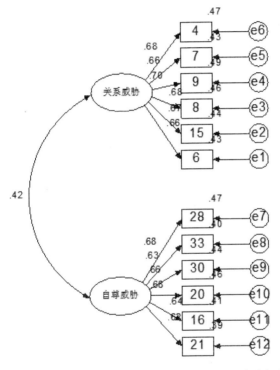

图 1-2 幼儿嫉妒的验证性因素分析模型

②相对拟合指数

相对拟合指数通常是对待检验的假设模型与基准线模型的适配度进行比较，以判别模型的契合度，其主要指标有 *NFI*、*IFI*、*CFI*。这三个指标应用最为广泛，其值介于 0~1 之间，1 表示拟合最好，0 表示拟合最差，其值必须大于 0.9，则表明模型拟合程度良好。

对初始模型进行验证分析，结果见表 1–5。结果表明初始模型的拟合指数并不非常理想，还需要对模型做出适当的调整。在观察项目的 MI 值时，发现项目 23 在其他项目上的 MI 值都很高，说明该项目同时受到了几个项目的影响，这些项目在含义的理解上针对性不强，归类上易出现偏差，因此在理论分析后，删除项目 23。

表 1–5 初始模型的拟合指数（n = 407）

x^2	df	x2/df	GFI	AGFI	NFI	IFI	CFI	RMR	SRMR	RMSEA
152.622	64	2.385	0.922	0.889	0.881	0.928	0.927	0.085	0.0595	0.070

经调整后确立最终模型，各拟合指数见表 1–6。RMR=0.072，SRMR=0.0506，RMSEA=0.070，这三个拟合指数的值均介于 0.05 至 0.08 之间，表示最终模型可以接受。GFI =0.922，CFI=0.927，IFI=0.928，拟合指数的值均大于 0.9，说明模型拟合程度较好。表 1–6 中呈现的拟合指数表明，待检验的假设嫉妒结构模型与数据样本契合程度较好，即理论模型也是合理有效的，见表 1–6。

表 1–6 最终模型的拟合指数（n = 407）

x^2	df	x2/df	GFI	AGFI	NFI	IFI	CFI	RMR	SRMR	RMSEA
103.146	53	1.946	0.941	0.913	0.970	0.953	0.952	0.072	0.0506	0.058

4.4 问卷的信度

本研究选取内部一致性信度、分半信度、重测信度、评分者一致性信度 4 个指标来检验问卷的信度。选用 Alpha 系数作为检验问卷总体以及各个维度的内部一致性的指标。分半信度使用奇偶分半法分别将问卷的题目、各个维度的题目分成两半，计算问卷总体以及各个维度的分半信度。重测信度是从总体样本中随机选取 280 名被试及其在 2 周后的重测相关作为问卷的稳定性指标。评分者一致性信度是请两名幼儿教师共同完成对来自本班的同一名幼儿评分，统计两名教师评定的相关系数作为检验指标，具体结果见表 1-7。

表 1-7 量表的信度系数（n = 280）

	内部一致性信度	分半信度	重测信度	评分者一致性信度
关系威胁	0.832	0.762	0.632**	0.864**
自尊威胁	0.837	0.719	0.638**	0.831**
总问卷	0.893	0.653	0.648**	0.845**

注：** 代表 $p<0.01$

由表可见，总问卷和各特质的内部一致性系数在 0.832~0.893 之间，分半信度在 0.653~0.762 之间，重测信度显著在 0.632~0.648 间，评分者一致性信度显著在 0.831~0.864 间，表明问卷具有良好的信度。

4.5 问卷的效度

4.5.1 内容效度

本研究中使用的问卷在参考前人研究的基础之上，整合了先期向家长和教师发放开放式问卷的结果，并针对教师访谈以及对幼儿观察的结果进行修正，综合编制而成，既基于一定的理论推导，又来源于教育实践。问卷项目编制后，请长期从事发展心理学研究的专家对整个问卷是否全面而准确地反映幼儿嫉妒进行评价，并请从事儿童心理研究的博士生、硕士生及幼儿教师评估问卷项目的可读性、适宜性，对表达不清楚的项目进一步清晰化，删除不适合被试样本的题目，最后形成通俗易懂、意义清晰明确的问卷。

4.5.2 结构效度

结构效度以问卷各维度之间的相关作为指标，应为中等性显著相关。表1-8的结果表明，嫉妒结构各维度间的相关系数介于0.400~0.659之间，说明自编问卷的结构效度良好。

表1-8 各维度与总分之间的相关矩阵

	关系威胁	自尊威胁
自尊威胁	0.400**	
嫉　妒	0.813**	0.659**

注：** 代表 $p < 0.01$

4.5.3 问卷的构念效度

构念效度用于检验结果所能反映要测量的某心理学构念的有效性。检验构念效度的方法有验证性因素分析模型和"多质多法"（MTMM）两种方法。其中，"多质多法"指采用M种测量方法对T个心理特质进行测量，以得到两个指标，即会聚效度（Convergent Validity）指测量同一特质的不同种方法间存在的相关性；区分效度（DiscriminateValidity）指用同一种方法测量所得的不同特质间的相关性。具体而言，当会聚效度的系数大于区分效度系数时，说明该问卷具有良好的构念效度。

本研究采用教师评定和情境实验两种方法来测量嫉妒的两个维度（关系威胁、自尊威胁），用以检验自编问卷的构念效度。之所以选择情境实验，是因为幼儿尚不具备填写问卷的能力。本研究给出嫉妒各维度的操作定义，并据此来设计幼儿嫉妒情境实验，以幼儿在情境实验中的表现作为幼儿自评得分，然后建立多质多法矩阵对问卷的构念效度进行检验。

（1）关系威胁情境实验

同研究 2-1 中的关系威胁情境实验。

（2）自尊威胁情境实验

同研究 2-1 中的关系威胁情境实验。

（3）多质多法验证构念效度

请两名研究生同时对幼儿嫉妒情境实验进行编码与评分，其中关于关系威胁情境实验评分的相关系数为 0.735（p<0.01），自尊威胁情境实验评分的相关系数为 0.786（p<0.01），表明幼儿嫉妒情境实验具有良好的编码信度。

构建多质多法相关矩阵对问卷的构念效度进行检验，结果见表 1-9。

表 1-9 问卷测量与情境实验测量幼儿嫉妒的多质多法矩阵

	问卷 G	问卷 Z	实验 G	实验 Z
实验 G	0.522**	0.518**		0.468**
实验 Z	0.431**	0.683**	0.468**	
问卷 G		0.405**	0.522**	0.431**
问卷 Z	0.405**		0.518**	0.683**

注：G 代表关系威胁；Z 代表自尊威胁；方框中的相关系数为会聚效度相关系数；三角框中的相关系数为区分效度相关系数；★★p < 0.01

如表 1-9 中所示，会聚效度（0.522、0.683）高于区分效度（问卷内相关系数：0.405，实验内相关系数：0.468）。

为更准确地计算会聚效度与区分效度，运用"z-r转换法"计算相关系数。先根据费舍z-r转换表查出各相关系数的费舍z分数，然后求出Z分数之和，并利用公式求出平均Z分数[128]。

求平均Z分数值公式：

$$\bar{Z} = \frac{\sum (n_i - 3) Z_i}{\sum (n_i - 3)}$$

最后依据z-r转换表，将Z分数转换成r值。本研究的会聚效度（方法间的相关系数）r=0.544（Z=0.609），区分效度（特质间的相关系数）r=0.418（Z=0.466）。由此可见，该问卷具有良好的会聚效度与区分效度，进一步说明该问卷具有较好的构念效度。

5 讨论

5.1 关于嫉妒问卷的教师评定

因为幼儿被试尚处于发展阶段，正确自我评价的能力还不恰当，所以一般通过幼儿父母或幼儿教师对他们的评价来对幼儿进行研究，父母或是幼儿教师作为幼儿的重要他人，他们的测评结果与自评的结果一样具有较高的效度[226]。除此之外，本研究之所以选用教师来对幼儿嫉妒进行测评还出于下面几点原因。

第一，幼儿教师可以从更为客观的角度对幼儿嫉妒进行评定。尽管作为幼儿重要他人的父母和幼儿教师对幼儿的了解程度相似，但是由于受到社会期望和偏爱的影响，特别是在独生子女家庭中父母望子成龙望女成凤的期望过高，往往会对子女的期望和评价过高，结果导致父母对子女的评价有失偏颇、比较主观、积极评价过多。而幼儿教师作为经过专业训练的群体，一方面会对幼儿某些行为的观察比较准确、全面，而且有经验的幼儿教师带班多年，可以对不同年龄不同班级的幼儿进行横向和纵向的比较，评价比较客观且全面；另一方面，随着幼儿入园后，与教师相处的时间和接触多于父母，这样也增加了教师对幼儿的了解。

第二，我国学前教育制度。我国幼儿3岁进入幼儿园，3~6岁进入学前教育阶段。幼儿3岁时已初步离开家庭进入幼儿园，刚刚开始集体生活，在幼儿园的活动时间已明显增加，多于在家里活动的时间。此外，幼儿随着集体生活的开始，从家庭走入了社会，从最初对父母的依赖所建立的亲子关系，开始转向依恋幼儿教师，并建立师幼关系。与家庭生活相比，幼儿园的集体生活充满着不同的种类、新异的刺激，发展不同的社会技能，建立不同的社会关系，这也为幼儿教师全方位、多水平地观察幼儿的行为表现提供了多样化的契机。这不仅有助于编制嫉妒问卷的项目，提高问卷本身的信度和效度，同时又促进了幼儿教师评价的全面性和代表性。

第三，幼儿园中同龄伙伴多，不同于在家庭中的生活格局。我国大多是家里的六位大人围着一个孩子转，幼儿在家里会受到更多的关注和宠爱，各种需求容易得到满足，可能缺乏引发嫉妒的情境或事件。然而在幼儿园的集体生活中，有许多年龄相近的同伴，他们在日常活动和交往时会面临对有限的资源共享和比较的情境，这样幼儿教师比家长有更多的机会观察到幼儿的行为表现，从而对幼儿做出更为全面的评定。

由此可见，本研究编制教师评定问卷来研究幼儿嫉妒不仅有利于保证问卷的回收率和质量，而且避免家长由于对课题认识不足而带来的问卷回收率低和质量较差，影响研究进度。

5.2 幼儿嫉妒结构

5.2.1 幼儿嫉妒结构的要素

本研究面向幼儿教师和家长发放幼儿嫉妒开放式问卷，收集描述幼儿嫉妒特征的词汇、幼儿嫉妒时的行为表现及引发幼儿嫉妒的事件或情境。对回收的数据进行编码，并结合以往心理学者所提出的有关嫉妒结构的理论进行推导，最终得出嫉妒结构由关系威胁和自尊威胁两个维度构成。在此理论框架下，编制幼儿嫉妒问卷的项目并面向幼儿教师发放正式问卷，对回收的有效数据先进行探索性因素分析处理，随后通过验证性因素分析对嫉妒结构做进一步的调整，由此本研究确立了幼儿嫉妒结构由关系威胁和自尊威胁两个维度所构成。

关系威胁是指当个体面临对自己重要的或有价值的关系受到实际（潜在）的威胁或者即将失去的时候所体验到的一种情绪及表现出的一系列行为（面部表情、言语及行为）。这也是对自己重要关系的一种保护[23]，发挥着维护自我生存的功能[4]。在幼儿生命初期就已形成对父母的依恋，而在家庭生活中，父母作为幼儿的重要他人与幼儿的生活起居的方方面面息息相关，父母与幼儿建立的情感联结自然地成为幼儿社会性发展的摇篮，亲子关系自然就成为幼儿早期的重要关系，也是幼儿建立的第一个人际关系。一方面由于其重要的地位，另一方面因为刚刚建立的关系缺乏稳定性，当兄弟姐妹的出现对重要关系构成威胁时，个体便会在情感、认知和行为上做出反应[53]。而随着年龄的增长，幼儿进入幼儿园后，他们所依赖的重心由父母转向幼儿教师，寻求教师的关注，师幼关系成为幼儿社会关系的一部分，并发展为幼儿的又一重要关系。而每个班级的幼儿教师被全班幼儿所共同拥有，那么对有限师幼关系资源的争夺自然会引发幼儿的嫉妒情绪，并因此产生一系列的行为。

嫉妒可能会有助于对重要关系的维护，但严重的嫉妒会导致幼儿悲伤，甚至社交退缩。可见，关系威胁既是嫉妒的最初表现形式，又是最根本特征。

自尊威胁是指当重要的他人倾向于竞争者或被竞争者吸引时，竞争者拥有自己想拥有却没有的东西时所体验到的一种情绪及表现出的一系列行为（面部表情、言语及行为）。自尊威胁作为嫉妒的构成要素之一，是个体因害怕失去自尊而感到自我受到威胁，也会因失去自尊而产生愤怒的情绪[49, 25]。另外，Crocker 和 Park 认为，幼儿自尊是在他与养育者（父母）的经历中形成的，并由此建构了一种与他人关系的心理模型[232]。来自家庭成员及重要他人的爱、支持与保护无疑成为幼儿自尊形成的基础。Sheehan 和 Noller 在亲兄弟姐妹间的嫉妒（sibling jealousy）研究中发现，亲兄弟姐妹的嫉妒与自尊呈负相关，比其他兄弟姐妹受到父母更多关爱的幼儿产生较少的嫉妒并形成高自尊[10, 104]。在家庭环境中，父母的爱作为一种被争夺的消费品，受关爱少的幼儿会因为自己的兄弟姐妹拥有比自己更多的爱而产生嫉妒。此外，受到不公平对待的个体，无论他们得到的关爱多还是少，他们也会产生嫉妒情绪。这种源于个体间比较时所形成的自我评价过低时，会因重要感的丢失，无法顺利完成任务，无法获得老师的重视、肯定与赞许，或是在与受到老师青睐与表扬的幼儿进行比较时，对自我做出了过多消极评价时，其自尊受到了损伤，从而产生嫉妒情绪及表现出相应的行为。

5.2.2 幼儿嫉妒结构的内在联系

对结构进行研究，首先要解决的问题就是处理好结构中各要素之间的相互关系。对于合理有效的结构而言，其构成要素之间应该存在中度相关性。具体而言就是指，组成结构的各要素之间既要存在一定的关联性，能够共同指向同一个问题；同时各构成要素之间又要存在一定的区别性，能够涵盖同一个问题所体现的不同方面。在本研究中，幼儿嫉妒结构包含关系威胁和自尊威胁两个维度，关系威胁和自尊威胁两个维度之间呈现出中度相关性，两种维度的相关系数为 0.400。从统计学上来看，中度相关性可以证明两个维度既具体独立性又体现出统一的整体性。这个结果也从统计角度为本研究对于幼儿嫉妒结构的理论设想提供了支持，即关系威胁和自尊威胁是两个既各自独立而又相互关联的要素，这两个要素共同构成了幼儿嫉妒结构的整体。其中，关系威胁是嫉妒发展的最初表现，也是自尊威胁发展的前提。

在生命的早期就已出现了对关系依赖的现象，6 个月的婴儿就对母亲产生依恋的情感，而且依赖于这种亲子关系，当陌生人出现或母亲关注其他婴儿的时候，他们会表现出焦虑，这是因为他们在亲子关系中缺乏安全感，担心会失去亲子关系，但这种对亲子关系的依赖情节应随年龄的增长而逐步下降。因为依恋处于一个丰富的社会关系系统中，随着年龄的增长，社会关系的拓展与丰富，幼儿的依恋对象也会随之转移。从依恋关系获得的安全感与慰藉是人们在面对未来各种陌生的社会环境中得以生存和发展的基础，而一旦个体常因缺乏安全感而感到焦虑，长此以往个体在社会人际互动中，就会因担心人际关系受到威胁，进而产生嫉妒。此外，已有研究表明不安全依恋型与嫉妒之间存在相关。婴儿因为缺乏安全感而产生嫉妒[228]。由此可见，关系威胁是嫉妒的最初表现。而自尊威胁指当重要他人倾向于竞争者时，幼儿与竞争者进行比较，意识到自己处于不具优势的地位时而感到丢面子。在幼儿期关系威胁是首先发展的，当重要关系受到威胁或面临丧失时，个体才会将自我与竞争者进行比较，感到自尊受到威胁，从而产生嫉妒。以往研究表明，3 岁幼儿的自尊已开始萌芽[233]，会在同伴交往中进行比较，希望得到重要他人的重视与爱护[234]。此外，还有研究得出，3~6 岁的幼儿会因维护自尊而变得更为热情；希望得到他人的尊重；在同伴交往中会因意识到自己的不足而感到自卑[235]。可见，幼儿关注与重要他人的关系，希望得到重要他人持久的关注与爱，以此维系重要关系的发展，两者相互制约，共同发展构成了嫉妒。

5.3 幼儿嫉妒教师评定问卷的适用性

本研究检验了3~6岁儿童嫉妒教师评定问卷的信度和效度指标，问卷的内部一致性信度（0.832~0.893）、分半信度（0.653~0.762）、重测信度（0.632~0.648）、评分者一致性信度（0.831~0.864）指标良好，表明笔者自编的3~6岁儿童嫉妒教师评定问卷的可靠性及稳定性良好。

在检验问卷的效度指标方面，为了确保问卷的内容效度，本研究请相关专业的心理学专家和研究生审核问卷的内容和项目，然后请中文专业的研究生修正问卷项目的语义和文法，最后请经验丰富的幼儿教师逐字逐句地评价每一个项目，修改一些有歧义的项目，删除某些不适合的项目，形成正式版测量问卷。将问卷各维度之间的中度相关（0.400~0.659）作为检验问卷的结构效度指标。采用多质多法（MTMM）来检验问卷的构念效度，即方法间的相关（不同方法测量同一概念）高，特质间的相关（用同一方法测量不同概念）低。本研究通过教师评定和情境实验（作为幼儿自评）两种方法来检验问卷的构念效度，统计结果表明方法间的相关（r=0.650）高，而特质间的相关（r问卷=0.415，r实验=0.337）低，表明问卷会聚效度和区分效度良好，编制的幼儿嫉妒教师评定问卷构念效度良好。就问卷测量学而言，通过对问卷的信度指标和效度指标进行检验可以确定问卷的科学有效性。由此可见笔者自编的3~6岁儿童嫉妒教师评定问卷是研究幼儿嫉妒的有效测评工具。

小结

（1）3~6岁儿童嫉妒教师评定问卷具有良好的信度（内部一致性信度、分半信度、重测信度、评分者一致信度）和效度（内容效度、构念效度、结构效度）。

（2）幼儿嫉妒由自尊威胁和关系威胁两个维度组成。

研究 2 3~6 岁儿童嫉妒发展特点的研究

研究 2-1 3~6 岁儿童嫉妒发展特点的量化研究

1 研究目的

结合问卷法与情境实验，考察幼儿嫉妒的年龄、性别发展特点及各维度之间的发展差异。

2 研究假设

(1) 幼儿嫉妒发展的年龄差异显著，随年龄的增长嫉妒反应呈下降趋势；

(2) 幼儿嫉妒的性别差异显著，女孩嫉妒高于男孩；

(3) 嫉妒各维度间存在发展差异性；

(4) 问卷法与情境实验法的研究结果基本一致。

3 研究方法

3.1 研究对象

(1) 问卷样本：同研究 1–1 中用于探索性因素分析及验证性因素分

析的被试。

(2) 情境实验的主试：主试由具有两年以上带班经验的主班教师担任，在实验之前对她们进行培训，统一指导用语。

(3) 情境实验的被试：在沈阳市一所幼儿园的小班、中班、大班随机选取 3~6 岁的被试，每个年龄段的被试各 30 人，男女各半，共 120 人。

3.2 研究工具

(1) 问卷：采用笔者自编的"幼儿嫉妒教师评定问卷"，该问卷共 12 题，其中关系威胁 6 题，自尊威胁 6 题，采用五级计分，1 分代表"从不"，5 分代表"总这样"，各维度上的得分越高代表相关的嫉妒水平越高。另外，本问卷可以合成总分。

(2) 情境实验：笔者自编的关系威胁情境实验和自尊威胁情境实验

3.3 研究程序

(1) 关系威胁情境实验

① 材料：幼儿园各班区域游戏（角色游戏、益智游戏和建构游戏）中所配备的玩具，其中角色游戏如医院、娃娃家、商店等，益智游戏如拼图、钓鱼、配色等，建构游戏如积木、插塑、插片等

② 过程：主班教师随机分配幼儿进入各个游戏角进行区域活动，自由游戏 3 分钟后，教师先后进入各个区域角，并与区域的每一个幼儿一起游戏 3 分钟。最后由教师发给每个小朋友一个礼物，以消除实验所引起的幼儿的消极情绪。

③ 指导语：主班教师说："** 你在干什么呀，老师来和你一起玩吧。"在游戏过程中教师一边搂住幼儿，一边与幼儿一起玩游戏。同时夸奖幼儿："** 你做得真好。"此外，在游戏过程中给幼儿提供一些建议。

(2) 自尊威胁情境实验

① 材料：美工教材、彩笔、水粉、纸、剪刀

② 过程：在美工课上，幼儿共分为 5 组，每组 6 个人，共 30 人。主班教师讲解要求 10~15 分钟后，由幼儿独立操作 5 分钟后，在每组选取一名平时表现一般的目标幼儿进行表扬，进行 3 分钟。最后由教师发给每个小朋友一个礼物，以消除实验所引起的幼儿的消极情绪。

③ 指导语：主班教师走到目标幼儿身边，然后俯身蹲下说："**小朋友做得最好，老师非常喜欢。"并待在目标幼儿身边，注视目标幼儿，时而再次表扬目标幼儿，如"真好""非常不错"，共持续 3 分钟。

(3) 编码与计分

① 编码依据

就儿童心理发展特点而言，幼儿的情绪的控制调节能力较差，因而他们很容易喜怒形于色，会将大部分的情绪表露于外，外露性较强。因此本研究采用事件取样观察法，到幼儿园进行为期 2 个月的观察，考察幼儿在自然情境下，嫉妒发生时会有哪些具体的言语和非言语（面部表情和行为）表现。并结合开放式问卷和访谈，请幼儿教师对幼儿嫉妒时的动作、言语和行为进行描述，来探讨嫉妒发生时幼儿的内心世界。

从理论依据方面看，许多心理学家对婴儿嫉妒发生时的表情进行过研究。如 Masciuch 等人在研究中指出，幼儿嫉妒发生时的表现有试图触碰母亲、皱眉、哭泣、痛苦的表情[78]。Hart 等人在研究中指出，幼儿嫉妒发生时会表现出吸引母亲注意的行为、抗议行为、消极言语以及较多的消极情绪[76, 54]。

Fogel 等人在研究中指出，幼儿嫉妒发生时会表现出消极行为和积极行为[236]。Izard 等人在研究中指出，幼儿嫉妒时会表现出高兴、感兴趣、生气及悲伤[75]。Hart 等人在研究中指出，幼儿悲伤、注视母亲、接近母亲是幼儿嫉妒的反应模式。据此我们对幼儿嫉妒时所表现出的言语和非言语行为进行了编码[77]。

② 情境实验编码与计分

编码：见表 2-1。

表 2-1 幼儿嫉妒编码与计分表

类　型	行　为　表　现	计　分
	干扰行为（插在教师和目标幼儿间）	1 分
	主动接近教师（拍拍教师的肩膀、拉拉教师的手、靠在教师身边）	1 分
1. 行为表现	试图接近教师（有行动想接近教师，但中途停下与教师保持一定的距离，并望向教师那边）	1 分
	参与活动（加入教师和目标幼儿的活动中去，和他们一起玩）	1 分
	言语攻击（xx 说的不对或做得不好）	1 分
2. 言语反应	寻求关注（故意寻求教师帮助或一边拉着教师一边请求教师到自己那边去或跨组寻求老师的关注）	1 分
	搭讪（接话、插话）	1 分
	表扬自己（说自己和 xx 一样好或更好）	1 分
3. 面部表情	撅嘴	1 分
	皱眉	1 分
	注视	1 分

计分：采用时间取样法对情境实验录像资料进行计分，每间隔 10 秒钟记录一次幼儿的行为，共 18 次。依据编码和计分原则，按行为出现的次数进行累加计分，分数越高表明幼儿嫉妒水平越高。被试得分在 1~11 分间。

根据以上编码和计分原则，本研究由笔者和一名心理学专业硕士研究生各自独立完成。其中，关系威胁情境实验的 *Kappa* 系数为 0.824（P < 0.001），自尊威胁情境实验的 *Kappa* 系数为 0.824（P < 0.001），幼儿嫉妒发展特点质化研究的 *Kappa* 系数为 0.824（P < 0.001）。

3.4 统计处理

运用统计软件 SPSS16.0，并采用多因素方差分析、事后检验等方法对数据进行处理。

4 研究结果

为了探讨幼儿嫉妒发展的具体情况，我们分别以嫉妒的两个维度和嫉妒总分为因变量，年龄和性别为自变量，同时考虑年龄和性别的交互作用，进行了 4（年龄）×2（性别）单因变量多因素方差分析，结果见表 2-2。

表 2-2 幼儿嫉妒的方差分析表

因变量	变异来源	平方和	自由度	均方	F 值	partial η^2
关系威胁	年龄	3147.389	3	524.565	23.243***	0.336
	性别	67.583	1	67.583	1.645*	0.065
	年龄 x 性别	88.803	3	14.800	0.907	0.007
自尊威胁	年龄	5572，141	3	928.690	58.721***	0.047
	性别	7.933	1	7.933	0.502	0.000
	年龄 x 性别	238.076	3	39.679	2.509	0.022
嫉妒总分	年龄	16994.985	3	2832.498	104.759***	0.575
	性别	121.825	1	121.825	4.506*	0.073
	年龄 x 性别	321.405	3	53.575	1.981	0.008

注：*p<0.05 **p<0.01 ***p<0.001

如表所示，关系威胁的年龄主效应显著 $[F(3, 248)=23.243$，$p<0.001$，$\eta^2=0.336]$，表明 3 岁、4 岁、5 岁、6 岁幼儿的关系威胁发展存在差异；性别主效应显著 $[F(1, 248)=1.645$，$p<0.05$，

η^2=0.065〕，表明不同性别的幼儿在关系威胁维度上的发展存在差异；年龄和性别的交互作用不显著〔F（3，248）= 0.907，p>0.05，η^2=0.007〕，表明随着年龄的发展，不同性别幼儿在关系威胁维度上的发展趋于一致；自尊威胁的年龄主效应显著〔F（3，248）= 58.721，p<0.001，η^2=0.047〕，表明3岁、4岁、5岁、6岁幼儿自尊威胁的发展存在差异；性别主效应不显著〔F（1，248）= 0.502，p>0.05，η^2=0.000〕，表明不同性别的幼儿在自尊威胁维度上的发展一致；年龄和性别的交互作用也不显著〔F（3，248）= 2.509，p>0.05，η^2=0.022〕，表明不同性别的幼儿，随年龄的发展其自尊威胁的发展趋于一致；嫉妒总分的年龄主效应显著〔F（3，248）= 104.759，p<0.001，η^2=0.575〕，表明3岁、4岁、5岁、6岁幼儿的嫉妒发展存在差异；性别主效应显著〔F（1，248）= 4.506，p<0.05，η^2=0.073〕，表明不同性别的幼儿嫉妒的发展存在差异性；年龄和性别的交互作用不显著〔F（3，248）= 1.981，p>0.05，η^2=0.008〕，表明随年龄的发展，不同性别的幼儿嫉妒发展趋势一致。

根据上述分析，因为关系威胁、自尊威胁及嫉妒总分的年龄和性别交互作用不显著，所以本研究将对幼儿嫉妒总体及其各维度的年龄发展趋势与性别差异做进一步的考察和分析。

4.1 幼儿嫉妒的年龄发展趋势

对幼儿嫉妒总体及各维度的年龄发展特点进行分析。3~6岁各年龄组幼儿嫉妒总体及各维度的描述性统计见表2-3。

表 2-3 3~6 岁不同年龄组幼儿嫉妒总体及各维度量化研究描述统计

	3 岁组		4 岁组		5 岁组		6 岁组	
	M	*SD*	*M*	*SD*	*M*	*SD*	*M*	*SD*
关系威胁	1.69	0.36	1.53	0.36	1.20	0.39	0.92	0.27
自尊威胁	1.91	0.37	1.57	0.38	1.21	0.39	0.89	0.18
嫉妒总分	3.59	0.59	3.10	0.49	2.42	0.58	1.82	0.78

通过对嫉妒以及各维度进行单因变量两因素方差分析，我们发现关系威胁、自尊威胁维度上与嫉妒总分的年龄主效应显著，并且为了让幼儿嫉妒及各维度的年龄发展状况更为清晰和明朗化，我们还需要进一步做事后检验。如果满足方差齐性假设，采用 *Bonferroni* 法进行事后检验；如果没有满足方差齐性假设，则采用 *Games-Howell* 法进行事后检验，结果见表 2-4。

表 2-4 幼儿嫉妒年龄发展趋势事后检验

	年龄组（I）	对比年龄组（J）	平均数差异（MD）
关系威胁	3 岁组	4 岁组	1.94*
		5 岁组	5.74*
		6 岁组	9.17*
	4 岁组	5 岁组	3.80*
		6 岁组	7.23*
	5 岁组	6 岁组	3.42*
自尊威胁	3 岁组	4 岁组	4.30*
		5 岁组	8.37*
		6 岁组	12.13*
	4 岁组	5 岁组	4.34*
		6 岁组	8.10*
	5 岁组	6 岁组	3.77*

	年龄组（I）	对比年龄组（J）	平均数差异（MD）
嫉妒总分	3 岁组	4 岁组	5.97*
		5 岁组	14.11*
		6 岁组	21.30*
	4 岁组	5 岁组	8.14*
		6 岁组	15.33*
	5 岁组	6 岁组	7.19*

注：MD=I−J　*p<0.05，**p<0.01，***p<0.001

由于自尊威胁和嫉妒总分的方差分析均未满足方差齐性检验假设，所以采用 Games-Howell 法对不齐性的方差进行检验。结果表明，嫉妒总分及各维度在年龄上均表现出了 3 岁组幼儿显著大于 4 岁组、5 岁组和 6 岁组，4 岁组显著大于 5 岁组合 6 岁组，5 岁组显著大于 6 岁组。嫉妒总分发展趋势见图，嫉妒总分及各维度随年龄的增长显著下降。（见图 2-1~2-3）

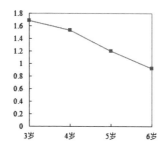

图 2-1 关系威胁

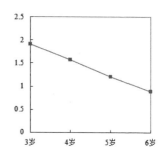

图 2-2 自尊威胁

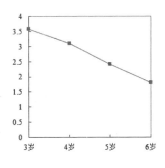

图 2-3 嫉妒总分

4.2 幼儿嫉妒的性别差异

不同性别幼儿嫉妒总分及各个维度得分见表 2-5。方差分析结表明，幼儿嫉妒总分 [$F(1,248)=4.506$，$p<0.05$] 和关系威胁 [$F(1,248)=1.645$，$p<0.05$] 的性别主效应显著，即幼儿嫉妒总分及关系威胁存在显著的性别差异，且男孩嫉妒均略高于女孩见图 2-4。

表 2-5 不同性别幼儿嫉妒量化研究的描述统计

性别	关系威胁		自尊威胁		总分	
	M	SD	M	SD	M	SD
男孩	1.45	0.44	1.49	0.52	2.94	0.81
女孩	1.37	0.43	1.47	0.47	2.84	0.76

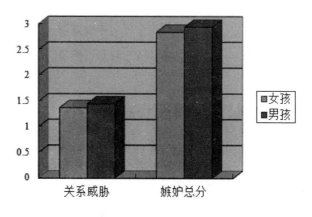

图 2-4 幼儿嫉妒及各维度性别差异

4.3 问卷法与情境实验法的比较

4.3.1 问卷法与情境实验法的相关分析

对幼儿嫉妒发展特点进行相关比较，结果见表 2-6，嫉妒情境实验研究结果与问卷法的研究结果相关显著。

表 2-6 嫉妒的两种研究方法的相关比较

量化 \ 质化	关系威胁	自尊威胁	总分
关系威胁	0.614**		
自尊威胁		0.482**	
总　分			0.468**

★★ $P < 0.01$

4.3.2 问卷法与情境实验法的差异检验

对嫉妒情境实验研究结果与问卷法的研究结果进行幼儿嫉妒年龄发展特点和性别的差异性进行差异检验，具体见表 2-7，表 2-8。

表 2-7 幼儿嫉妒年龄发展特点的两种研究方法的差异检验

		4 岁	5 岁	6 岁
关系威胁	t	3.682	7.294	5.396
	df	62	63	61
	Sig	0.490	0.150	0.834
自尊威胁	t	3.052	7.252*	5.973
	df	62	63	61
	Sig	0.701	0.046	0.911
嫉妒总分	t	3.480	7.413	5.746
	df	62	63	61
	Sig	0.571	0.112	0.925

★ P < 0.05

表 2-8 幼儿嫉妒性别差异的两种研究方法的差异检验

	t	df	Sig
关系威胁	−0.099	125	0.950
自尊威胁	−0.110	125	0.931
嫉妒总分	−0.105	125	0.951

从表 2-7 可见，关系威胁和嫉妒总分在各个年龄段上的差异检验均不显著，自尊威胁仅在 5 岁年龄段上的差异检验显著，在其余各年龄段上的差异检验不显著。虽然自尊威胁存在差异，但其值（$p=0.046$）

接近 0.05，仅达到显著水平的边缘。从表 2-8 中可见，关系威胁、自尊威胁和嫉妒总分在性别上的差异检验均不显著。由此可见，通过对问卷法与情境实验两种研究结果的差异检验基本可以说明两种方法所得的结果基本一致。

4.3.3 问卷法与情境实验法的统计描述分析

此外，本研究将对问卷法和情境实验法所得的研究结果做更为直观的比较，具体如下。

表 2-9 不同年龄幼儿嫉妒情境实验的描述统计

	3 岁组		4 岁组		5 岁组		6 岁组	
	M	SD	M	SD	M	SD	M	SD
关系威胁	0.80	0.18	0.65	0.15	0.36	0.39	0.11	0.27
自尊威胁	0.75	0.17	0.62	0.38	0.38	0.11	0.22	0.10
嫉妒总分	1.55	0.34	1.28	0.30	0.78	0.23	0.46	0.17

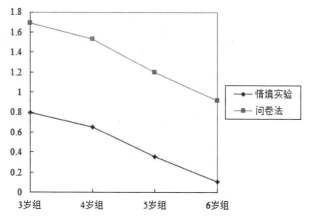

图 2-5 关系威胁的两种研究方法的对比

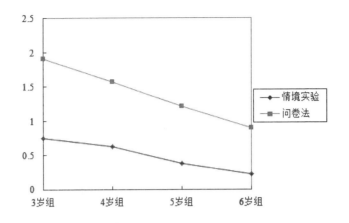

图 2-6 自尊威胁的两种研究方法的对比

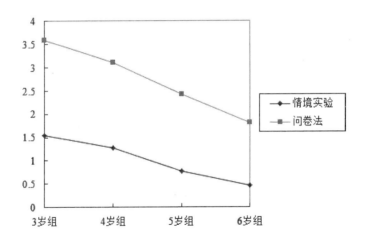

图 2-7 嫉妒总分的两种研究方法的对比

表 2-10 不同性别幼儿嫉妒情境实验研究的描述统计

性别	关系威胁		嫉妒总分	
	M	*SD*	*M*	*SD*
男孩	0.57	0.26	1.31	0.51
女孩	0.52	0.25	1.02	0.49

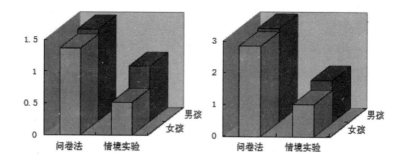

图 2-8 关系威胁的两种研究方法的对比　　图 2-9 嫉妒总分的两种研究方法的对比

从图 2-5、2-6、2-7 所示的发展趋势可知，嫉妒总分及其两个维度在年龄发展特点研究结果基本相吻合。如图 2-8 和 2-9 所示，嫉妒总分和关系威胁的性别差异上所采用问卷法和情境实验法所得的研究结果基本相符。综上可见，在情境实验中所得到的幼儿嫉妒年龄发展特点及性别差异证实了问卷法所得到的研究结果是有效的。

5 讨论

5.1 幼儿嫉妒的年龄发展趋势

本研究选用对 3~6 岁儿童进行整年划分的方法，结果发现嫉妒的总体程度是随着年龄的增长而减少，幼儿 3 岁时嫉妒程度最高，3 岁到 6 岁随着年龄的增长嫉妒呈下降的趋势。国外一些学者的研究结果也为本研究提供一定程的支持。随着年龄的增长嫉妒行为明显减少[84]。

幼儿嫉妒发展年龄差异性显著，3~6 岁的幼儿嫉妒随年龄的增长呈下降趋势，原因为：第一，这可能是因为幼儿期自我意识开始发展，能通过自己的行为去解决问题，此时的幼儿在日常生活中借助他人的榜样力量，已开始学会采用积极的策略去应对问题。这就可以解释为幼儿嫉妒随年龄的增长而下降。第二，相对于成人而言，幼儿表现出更多的乐观性[134, 135]，在与他人比较时，在自我认知上会表现出更多的积极偏向，往往会有一些夸大的、不现实的想法，认为自己的能力高于实际水平，好的事情会发生在自己身上。但 4 岁幼儿自我评价能力开始提高，并且自我积极偏向随着年龄的增长而下降，正确评价的能力有所提高[239]。所以随着年龄的增长幼儿嫉妒呈现出下降的趋势。第三，嫉妒与幼儿的情绪调节能力的发展密不可分，正如已有研究表明幼儿面对消极事情时，随着年龄的增长采用消极的应对策略会减少，其中 3~4 岁的幼儿采用发泄策略会显著下降，4~5 岁的幼儿大部分会运用替代活动、认知重构、问题解决等积极的调节策略[240, 241]。第四，嫉妒与幼儿的自我控制能力的发展休戚相关，如沈悦研究表明随年龄的增长，幼儿自我控制呈迅速上升趋势，自我控制的能力迅速提高，4 岁是幼儿自我控制发展的敏感期[242]。这一结果也为幼儿嫉妒年龄发展趋势给予了支持。另外，幼儿期正处于嫉妒发展的时期，因此幼儿教师要十分关注这个时期。

不仅如此，幼儿嫉妒的发展还与个体的神经内分泌系统和大脑的发育息息相关。嫉妒产生时会激活下丘脑 – 垂体 – 肾上腺轴（HPA）、肾上腺髓质素（AM）、中脑导水管周围灰质（PAG）、伽马安基丁酸能神经元（GABA）[243, 244, 245]。HPA 对危险的环境反应非常敏感，嫉妒会引发个体感受到一系列的危险，从而激发了 HPA；而 AM 则与厌恶情绪有关，当个体在人际关系中遭到排斥而产生被动厌恶的情绪，从而激活了 AM；PAG 与个体因嫉妒而产生的消极抵抗行为相关，而且 GABA 会抑制伏隔核中多巴胺的释放，从而导致了沉默或是消极抵抗行为的产生。另外，嫉妒作为一种自我意识情绪，其发展也离不开大脑的发育与成熟，认知神经科学研究得出被嫉妒激活的区域主要有内侧前额叶（MPFC）、眶额叶皮层（OFC）、前扣带回（ACC）、纹状体（striatum）、杏仁核（amygdala）、脑岛（insula）[246, 247]。其中内侧前额叶、眶额叶皮层、纹状体和杏仁核与人脑中的奖励和惩罚系统相关[248]，（而额叶区主要功能是抑制冲动、矫正与奖惩有关的行为及制定决策等，并从幼儿期到青少年期不断变化发展成熟[249, 250]纹状体则是当个体受益时被激活，这是因为个体嫉妒往往会做出有利于自己的行为，杏仁核作为重要的情绪中枢，主要掌控对情绪刺激物，特别是对生存造成威胁的刺激物进行评价并对相应的行为作出指导[250]。此外，情绪的加工过程和行为抑制任务中都会涉及前扣带回的参与，其主要负责对冲动和错误行为的监控[252]。脑岛的激活表明对负性情绪的抑制行为需要更多的认知资源的参与，并可能会与腹侧 ACC 进行整合，从而为做出恰当的行为决策提供了保障[253]。上述研究从神经生理角度为幼儿嫉妒的年龄发展提供了支持，正因如此，抑制行为和认知能力（心理理论）等相应神经机制的发展、成熟及参与，调控了幼儿的嫉妒情绪，为 3~6 岁儿童嫉妒发展提供了支持。

5.2 幼儿嫉妒的性别差异性

本研究发现从幼儿嫉妒的总体发展来看，男孩的嫉妒程度显著高于女孩，这可能是受性别角色期待、自我控制的影响。一方面，幼儿的性别角色意识不是与生俱来的，而是在社会化过程中获得的。社会化所赋予的性别角色，使男孩和女孩接受了来自社会广泛认可的不同的社会行为模式。在性别角色的期待下，男孩会倾向于外向、勇敢、冒险、大胆、冲动、好动、自然表露自己的情绪，而女孩则更倾向内敛、温柔、顺从、遵守规则、稳重、掩饰自己的情绪。幼儿3岁时已获得角色认同，能够比较准确地评价自己和他人的性别，4~5岁时获得性别的稳定性发展，幼儿已懂得性别不会随年龄的变化而改变，幼儿6岁时已经具有性别的恒常性，懂得性别不会随服饰、形象、环境的改变而改变。幼儿随着年龄的发展，对性别角色的了解，会根据自己的性别按照家长和教师的教育要求及榜样行为进行学习和模仿，遵从性别角色所规定的行为，按照性别角色的标准去评价自己和他人。可见，由于性别角色期望的差异使男孩和女孩在行为方式上存在差异，男孩对情绪的表露更为直接和自然，而女孩则比较内敛，这可能是幼儿嫉妒发展性别差异的一个原因。

沈悦研究表明，幼儿自我控制发展水平女孩显著高于男孩，这可以说明由于女孩的调控能力高于男孩，所以女孩的嫉妒行为低于男孩[242]。

综上可见，从总体上看，3~6岁男孩的嫉妒发展显著高于女孩，可能是受到性别角色期待和自我控制的性别差异的影响。

5.3 问卷法与情境实验法的研究结果的比较

幼儿还不具备对自己做出正确评价的能力，而且幼儿也不具备填写问卷的能力，所以用问卷法对幼儿进行研究，需要通过对幼儿全面了解的重要他人来完成问卷，以获得对幼儿正确评价的数据。幼儿进入幼儿园后，大部分时间是在幼儿园里度过的，主班教师可以全天地观察对幼儿做出评价，也可以对不同年龄与同年龄不同的幼儿进行比较，做出全面的评定。此外，幼儿教师可以对每一个孩子做出比较客观的评价，不像家长对自己的孩子难免会带有一定的社会期望，可能会包容孩子的一些过度行为。而情境实验则以非参与式的观察方式对幼儿嫉妒行为进行观察，通过一定的编码原则对幼儿的行为进行统计与分析，在自然情境下对幼儿的观察可以得出更为仔细和动态的描述。问卷法可以对社会及心理现象进行简约化、凝固化和静态化的处理，但是从他人的角度进行评价，而情境实验具有情境的敏感性，可以将研究对象还原到自然情境中，从幼儿的体验和行为中获取动态化和整体性的数据。两者可以相互补充，相互印证，动静结合，从更为全面整体的角度对幼儿嫉妒发展特点进行研究。

本研究采用问卷法对 3~6 岁儿童嫉妒发展特点进行研究，结果发现幼儿嫉妒发展随年龄的增长呈下降趋势。不仅如此，通过情境实验对幼儿嫉妒进行分析，得出的结果一致。

小结

(1) 幼儿嫉妒发展的总体趋势是随着年龄的增长呈下降趋势。

(2) 男孩的嫉妒总体程度显著高于女孩，并且这种差异一直随年龄而增长。

(3) 在关系威胁维度上，男孩发展水平高于女孩。

(4) 问卷法与情境实验所得的研究结论基本一致。

研究 2–2 3~6 岁儿童嫉妒的发展特点的质化研究

1 研究问题与目标

研究 2–1 已经采用问卷法和情境实验两种方法，从量化研究的角度针对 3~6 岁儿童嫉妒发展特点进行了统计与描述。尽管量化研究从教师角度和幼儿自身行为表现出来，得出的幼儿嫉妒发展特点具有客观化和科学化的特点，但是量化研究的结果仅从宏观角度，对幼儿嫉妒发展的年龄特点做出了趋势化的描述是不够的，而要想了解不同年龄段幼儿嫉妒发展趋势背后的具体行为是怎样的？各年龄段的幼儿嫉妒发展的具体特点是什么？尚待我们去分析与探索。

针对我国国情与幼儿教育的政策与特点，独生子女人数较多，而且 3 岁已经进入幼儿园进行学习，他们在家里"小皇帝""小公主"的生活方式被打破，原来独享父母的爱的状态遭到冲击，入园后他们的依恋对象由父母转向幼儿教师，渴望得到幼儿教师的关爱，而此时他们不再拥有独享关注与爱的特权，原有的特权会遭受撞击，他们与班级内其他同年龄的幼儿共享教师的爱与关注，出现了幼儿争夺教师资源的局面，此时不同年龄阶段的幼儿会因嫉妒表现出怎样的反应。

对此我们通过质化研究探讨幼儿在幼儿园集体环境中，小班、中班、大班的幼儿有哪些行为表现？

2 研究对象

我们所选择的研究地点在沈阳市城区一所大型公立幼儿园，选择一个小班（32人）、一个中班（34人）、一个大班（31人），男孩与女孩比例相当，而且主班教师具有三年以上带班经验。

3 收集资料的方法与过程

3.1 扎根原理

扎根原理作为质化研究中一种理论建构方法，于1976年是由格拉斯和施特劳斯提出。扎根原理的宗旨是以经验资料为基础建立理论，体现出一种自下而上的构建理论的方法，通过对现有资料的分析、概括、发展出反映社会现象的核心概念，然后比较概念之间的联系，进而形成理论。扎根原理具有以下特点：第一，从资料中生成理论，一般没有理论假设，强调直接对原始资料进行分析，从行动中抽取理论，是一个从事实再到理论的演进过程。第二，理论敏感性，当资料内容比较松散时，为研究者引领一定的焦点和方向。第三，不断比较，对资料与资料、概念与概念、类属与类属、类属与概念之间进行对比。第四，互动性，扎根原理强调"条件矩阵"类似于一圈套一圈，靠近里面的圈代表与行动及互动更加紧密的条件，靠近外面的代表与行动及互动较为疏远的条件，扎根原理既考虑这些条件，又考虑条件与编码过程的联系。扎根原理强调对资料进行逐级编码，一级编码属于开放式登录，打散原有概念，以新的方式重新组合；二级编码属于关联式登录或轴心登录，对类属进行深入分析，既要考虑概念类属本身间的联系，又要探寻建立类属背后的意图；三级编码属于核心式登录，核心类属必须占据统领性地位，有提纲挈领的作用。

本研究事先做了一个初步的假设和研究目标，在幼儿园集体环境中，小班、中班和大班各年龄阶段幼儿的嫉妒特点不相同，但对于各个年龄阶段幼儿都有哪些具体的嫉妒反应，什么样的特点并不明确。所以本研究选择扎根原理方法进行质化研究。

3.2 观察法

研究者运用扎根原理来建构新的观点和理论时，还可以采用具有探索性质的参与式观察法。观察法允许研究者以一种兼有开放性与灵活性的方式调整、修复以及重构自己的研究观点，直至形成基本的理论。参与式观察主要分成完全的观察者、作为参与者的观察者、作为观察者的参与者以及完全的参与者四种类型。可以在自然状态下，对整体情境、被观察者得到比较感性的认识，又可以深入探查到被观察者内部的文化，了解他们行为的意义；既可对事件发生的过程及个体之间的行为互动关系获得比较直接、全面和完整的了解，又可以对某种现象进行深入的个案调查。观察的方法灵活多变，可以动静结合，也可以同时采用直接和间接的观察，又可以按照场地、时间、内容进行抽样观察。观察的步骤一般从开放到集中，从全方位的观察到聚焦，具有动态性的特点。

本研究所考察的嫉妒发生在三者之间，主要是指对师幼关系的争夺。所以我们以观察者的身份进行参与式观察。本研究为了能在真实、自然的环境中进行观察，由主班教师向幼儿说明三位观察者是新来的老师（"小朋友们，这位是新来的xx老师，大家问xx老师好"）。然后请三名心理学专业的研究生以实习教师的身份进入幼儿园，分别对小、中、大班的幼儿的一日集体生活进行为期2个月的观察。观察的内容主要包括在集体活动、小组活动、区域活动、休息时间（吃饭、喝水、盥洗、如厕）等活动中，当幼儿教师表扬班级中的目标幼儿或者幼儿教师与目标幼儿互动时，班级内其他幼儿的嫉妒反应（行为、面部表情、语言）。目标幼儿指产生嫉妒的幼儿，竞争幼儿指被嫉妒的幼儿，如幼儿 A 看到老师将幼儿 B 搂在怀里，幼儿 A 产生了嫉妒，并拿着自己的玩具娃娃跑到老师身边，靠在老师身上不肯离去。那么幼儿 A 就成为目标幼儿，幼儿 B 就称为竞争幼儿。

3.3 非结构式访谈

本研究对幼儿教师进行焦点团体访谈。焦点团体访谈"作为一种最为常见的集体访谈的形式，指在访谈中，访谈的问题常集中在一个焦点上，研究者组织一群参与者就这个焦点进行讨论"[151]。与个别访谈相比，焦点团体访谈可以让"研究者充分利用群体成员之间的互动关系对问题进行比较深入的探讨"，让研究者在较短的时间内对所研究内容有着比较广泛地了解，以便进行修改；同时也有助于借助集体的力量进行知识建构，"参与者不再独自面对研究者，而是彼此之间进行互相交谈，参与者们彼此的相互刺激与激励是迸发思想和情感的主要手段"[254]。

本研究之所以选择焦点团体访谈法是因为，作为一线教师，她们与幼儿朝夕相处，对本班的幼儿有全面而深入的了解。其次，群体成员之中的相互交流可以扩展研究视角，使其能够接触到更加具体的经验知识，弥补观察所遗落的方面，完善研究内容。此外，群体的智慧也可以激发个体的即兴创造力和想象力，进一步拓展研究视野。

访谈对象：以具有 3 年以上带班经验的主班教师为对象进行焦点团体访谈，具体以小班教师（3 名）、中班教师（3 名）、大班教师（3 名）为访谈对象，以增进教师间的辩论与交流。

访谈时间：2013 年 11 月 20 日、21 日和 22 日下午 14:00~16:00，时间共用 360 分钟。

访谈地点：辽宁省沈阳市 202 幼儿园教师会议室。

编码：访谈的问题主要围绕幼儿嫉妒时的具体行为表现进行。访谈过程中，允许幼儿教师针对每一个访谈问题畅谈各自的意见与观点，且每次让一名教师发表自己的观点，直到受访者（幼儿教师）谈论的观点相似，没有新的观点或补充的观点提出时结束。此外，幼儿教师对谈论幼儿某个行为表现的时间或频次可以反映该行为的重要程度。在此基础之上，对为时 360 分钟的访谈记录进行整理和编码。首先，整理出意思表达完整的句子，然后把这些句子分成单独的条码。其次，打散这些条目原有的顺序，并对这些条目进行逐条分类。最后，请 2 名相关专业的硕士研究生各自单独对这些条目进行分类，经过共同探讨，确定类别，并对每一类别包含的具体行为进行数量化分析。

4 资料的分析与整理

4.1 类属分析

类属分析指从原始资料中探索不断重复出现的现象来解读这些现象，在比较这些现象基础之上，来鉴别事物之间的异同。设立类属需要具备一定的标准，即按照当事人自己对事物的分类设立类属。在资料分析中，码号作为登录原始资料的最小意义单位，类属作为一个相对而言较大的意义单位。类属和码号的概念是相对的，在某一分类系统中的码号的概念可能在另外一个分类系统中成为类属。

第一步，整理录像资料与建立初级编码。认真查看原始录像资料与观察笔记，挑选出小班（3~4 岁）、中班（4~5 岁）、大班（5~6 岁）幼儿的所有嫉妒反应的表现（行为、言语、面部表情）共 587 个。按照不同年龄班对这些行为进行整理和分类，然后对相似或相近的行为表现进行筛选，最后得出无重复的行为共 219 个。

第二步，设置码号。码号是对资料整理和分析中最基础的部分，也是作为编码的最小意义的单位。依据嫉妒反应的表现（行为、言语、面部表情）原则对 219 个无重复行为进行分析、归纳和分类，在此基础之上设置了 22 个码号（见表 2-11）。

表 2-11 幼儿嫉妒发展特点及相应行为表现的一级编码表

班级	码号	频次（%）	具体行为
小班	行为干扰	17（7.76）	插在教师和竞争幼儿之间，干扰或阻断他们之间的互动。
	插话	7（3.2）	老师表扬竞争幼儿，嫉妒者说："他说得不对。"
	�’嘴	3（1.37）	见老师喂竞争幼儿饭，噘嘴爬在桌子上，等待老师喂饭。
	皱眉	5（2.28）	老是表扬竞争幼儿或与竞争幼儿一起玩的时候，他（她）会皱眉。
	跨组（区）	8（3.66）	离开自己的位置到教师身边去（靠在老师身边、把自己的玩具举到老师面前）。
	缠在教师身边	26（11.87）	搂着老师肩膀，依偎在老师身上，围着老师转。
	注视	4（1.83）	转过身一直看着教师和竞争幼儿。
	参与游戏	11（5.02）	主动加入教师和竞争幼儿的游戏活动中。
	求助	5（2.28）	将作品举到老师面前问："老师这个怎么做？"
中班	告状	15（6.85）	告非竞争幼儿的状"xx 把卡片弄坏了"，以转移教师注意力。
	争宠	11（5.02）	抢过竞争幼儿手中玩具，"我是医生，只有医生才能看病"。
	迫不及待地询问	9（4.11）	边说，"老师、老师"，边将自己的作品在老师面前晃动。

班级	码号	频次（%）	具体行为
	接话	6（2.74）	老师表扬或和竞争幼儿交谈时，幼儿不根据谈话内容和进度而随意接话（插话）。
	交际式跨组	4（1.83）	拿着玩具（作品）到教师所在组或区域去玩。
	帮助式参与	5（2.28）	当老师和竞争幼儿一起玩时，xx 帮助竞争幼儿。
	主动亲近教师	21（9.59）	蹲着教师身边站或摸老师衣角。
	自言自语式表扬自己	6（2.74）	不再大声说，而小声说："我这个也有……"
	试图接近教师	18（8.22）	在离老师比较近的地方玩（画画）。
大班	迎合教师	19（8.68）	教师表扬竞争幼儿时，xx 哈哈假笑。教师夸竞争幼儿画的又大又好，xx 说，"小了装不下东西"。
	闲聊	12（5.48）	"老师他今天穿着蝙蝠侠的衣服。"
	等待	4（1.83）	在自己位置上举着自己的画让老师看或举手示意老师"我画好了"。
	瞟视	3（1.37）	不直接转头看老师，而是斜视或瞟几眼老师。

第三步，建立类属。类属作为码号的上位概念，是指多个码号意义的集合，可以展现原始资料所代表的主题或观点。在设置码号之后，深入分析码号的意义，对比码号所对应的具体行为表现，比较和鉴别码号与码号之间的异同，对码号进行归纳与分类，建立 8 个类属。在此基础之上，对 8 个类属做进一步的比较和归类，建立 3 个核心类属，并确保每个核心类属的意义独特且鲜明准确（见表 2-12）。

表 2-12 幼儿嫉妒发展特点二级和三级编码表

班 级	核心类属	类属	频次（%）	码 号
小 班	自我感受型 86（39.27）	消极反抗	32（14.61）	干扰行为
				插话
				噘嘴
				皱眉
		无视纪律	8（3.66）	跨组（区）
		寻求安慰	46（21）	缠在教师身边
				注视
				参与游戏
				求助
中 班	他我感受型 71（32.42）	言语干扰	41（18.72）	告状
				争宠
				迫不及待地询问
				接话
		亲近教师	30（13.7）	交际式跨组
				帮助式参与
				主动亲近教师
大 班	权威感受型 62（28.31）	接近教师	43（19.64）	自言自语地
				表扬自己
				试图接近教师
				迎合教师
		遵守纪律	4（1.83）	等 待
		寻求关注	7（3.2）	闲 聊
				瞟 视

本研究以自我评价为标准进行划分。因为自我评价作为自我意识情绪产生的重要条件，只有刺激条件能够引起自我评价的过程，才会产生自我意识情绪[12]。而且嫉妒作为一种自我意识情绪，所以选择自我评价作为划分幼儿嫉妒发展特点的标准[152]。

我们对 219 个无重复行为进行逐级的编码。在一级编码中，小班幼儿的嫉妒行为形成 9 个码号，其中包括行为干扰 17 次、插话 7 次、j 噘嘴 3 次、皱眉 5 次、跨组（区）8 次、缠在教师身边 26 次、注视 4 次、参与游戏 11 次、求助 5 次，他们嫉妒时展现出较多的消极等待的行为；中班幼儿的嫉妒行为形成 8 个码号，其中包括告状 15 次、争宠 11 次、迫不及待地询问 9 次、接话 6 次、交际式跨组 4 次、帮助式参与 5 次、主动亲近教师 21 次，他们不再消极被动，而是主动采取一些行动；大班幼儿的嫉妒行为形成 6 个码号，其中包括自言自语式表扬自己 6 次、试图接近教师 18 次、迎合教师 19 次、闲聊 12 次、等待 4 次、瞟视 3 次，他们更注重纪律、规则以及行为的适合性。然后我们进行了二级编码，从 22 个码号中形成 8 个类属，其中小班包括消极反抗 32 次、无视纪律 8 次、寻求安慰 46 次，这体现出他们以自我感受为中心的一个特点；中班包括言语干扰 41 次、亲近教师 30 次，这体现出他们已学会考虑他人的感受；大班包括接近教师 43 次、遵守纪律 4 次、寻求关注 7 次，这体现他们在考虑他人感受的基础上，开始学会遵从权威人物的标准行事。最后，在三级编码中，我们从 8 个类属中形成三个核心类属，即小班属于自我感受型（86 次），中班属于他我感受型（71 次）、大班属于权威感受型（62 次）。

4.2 个案分析

个案研究作为质化研究的一种重要手段，可以将资料放置于研究现象所处的自然情境之中,对人物和事件进行系统和整体的分析与描述。本研究选择小、中、大班嫉妒反应比较突出的幼儿作为研究对象，进行个案分析。

4.2.1 自我感受型案例

⑴ 类型 I 幼儿案例

甜甜，女3岁半。一天早晨小朋友们刚刚入园，大家都会脱掉外套，然后穿上幼儿园的园服。由于最近天气变化，有一位小朋友生病了，早晨吐了身体有些不舒服，于是老师就帮他脱衣服，并换上幼儿园的园服。就在这个时候甜甜看见了这一幕，她拿着自己的园服走到老师面前，拎着衣服挡在老师眼前，甜甜并没有说话，就是一直举着衣服遮挡住老师的视线，不让老师给生病的小朋友换衣服，老师说："壮壮生病了，老师帮他换衣服，甜甜自己换。"甜甜还是不肯离开，拿着园服说："我打不开扣子。"老师说："你先回到座位上等着，老师一会儿帮你换。"甜甜噘着小嘴，拿着衣服，站在老师旁边，一直看着老师给生病的小朋友穿衣服。事后向老师了解，其实甜甜衣服扣子没有什么问题，老师帮着解开扣子后，甜甜还是自己穿的衣服。而且老师说："甜甜其实是一个自理能力比较强的孩子，就是看我帮小朋友换衣服了，她也想让我帮她穿衣服。"甜甜在争夺教师资源，看到老师对其他小朋友好，体验到了嫉妒情绪，表现出了干扰行为、噘嘴、注视等消极反抗的特点。

⑵ 类型 II 幼儿案例

笑笑，男，45个月（3岁9个月）。在一堂有关"冬天里的体育运动"的科学课上，老师先给大家呈现了生活照片，介绍了冬天里人们都可以做哪些体育运动。然后让大家分成小组，发给每个小朋友一张卡片，要求幼儿把有关冬天可以做的运动的卡片沿着折线取下来。老师到每一个小组观看幼儿的操作程度，表扬表现好的幼儿，笑笑看见后离开自己的座位，拿着自己的卡片到其他组去找老师，把卡片拿到老师面前让她看，老师让他回到自己的座位，笑笑拿着卡片说："冬天也游泳。"（其实这是一张夏天游泳的图片，周围树都是绿色的）老师说：

"你先回到座位上，一会老师再去看。"笑笑还是跟着老师走，没有回到自己座位上。在面临与其他幼儿共享或是争夺师幼关系时，笑笑完全依据个人情绪体验，不遵守班级的课堂纪律，试图吸引老师的关注。

(3) **类型 III 幼儿案例**

公主，女，4岁。班级下午会进行区域活动，有角色扮演区（商店、娃娃家）、智力游戏区（钓鱼、拼图、分类）、建构游戏区（积木），每个幼儿自选在区域进行活动。老师在智力游戏区和幼儿 A 正在玩钓鱼的游戏，公主看见了就拿着自己的玩具走到老师身边说："老师我这个饮料特别好喝，你尝尝。"老师接过"饮料"后说谢谢，拍拍公主的身体，让她回到自己的位置玩。过了一会儿，公主又跑到老师身边，说："老师这是高级化妆品，可好了。"老师向公主笑笑说："这是给老师的呀，谢谢。"然后接着和其他幼儿玩，公主不愿意离去，搂着老师肩膀，靠在老师身边，想和老师一起玩，最后她拉着老师的手，往自己的区域角走，同时还说："老师你看看我这儿吧，有好多化妆品，可好了。"公主看到老师与其他幼儿一起玩游戏，她感到嫉妒，于是就缠在老师身边，以寻求老师的关注。

4.2.2 他我感受型案例

⑴ **类型 I 幼儿案例**

叶子，女，4岁半。在区域活动中，叶子和幼儿 A、幼儿 B 在角色扮演区轮流扮演医生、护士及病人。老师以病人的身份进入医院区和小朋友们一起玩，老师一边捂着肚子一边说："大夫我要看病。"幼儿 A 说："快躺下给你看看。"于是拿着听诊器给老师检查身体，一边摸摸老师的头，一边说："有点发烧，打一针就好了。"然后便去拿注射器，这时候，叶子看见了，抢过注射器说："医生不行，护士才能打针。"然后叶子一边给老师看病一边说："她说的不对，没发烧，吃点药就行。"

然后拿药给老师吃，并和老师一起玩游戏。叶子在和同班幼儿与教师互动的过程中，当看到教师和其他幼儿一起玩的时候，为了争夺教师资源，夺回师幼关系，表现出了言语攻击的特点。

(2) **类型Ⅱ幼儿案例**

陈陈，男，56个月（4岁8个月）。在区域活动中，陈陈在益智区玩七巧板。看到老师在建构区和其他幼儿一起搭积木，于是陈陈拿着七巧板走到老师旁边，一边在旁边玩，一边自言自语说："老师你看这个可以弄出好多图案。"老师正在帮助其他幼儿搭积木摆高楼，没听见陈陈的说话，于是陈陈听见老师问旁边的幼儿："窗户应该放在哪？"就说："窗户在这儿。"老师接过窗户，继续和其他幼儿一起搭积木。然后陈陈又回到益智区，重新拿了一个玩具盒子去找老师，站在老师身边，轻轻拍了一下老师的肩膀，说："老师你看我这个。"陈陈在争夺教师资源的时候，他希望通过帮助同伴以吸引老师的关注，甚至拿着玩具希望与教师建立互动关系来维护师幼关系，体现了以亲近教师为目的的特点。

4.2.3 权威感受型案例

(1) **类型Ⅰ幼儿案例**

萱萱，女，5岁。在以圣诞节为题目的艺术活动课上，教师先讲解如何剪出圣诞树的操作方法，然后让大家分成小组剪出自己的圣诞树。老师表扬某组幼儿A剪的好，坐在旁边的萱萱，马上抬起头，面向老师发出"哈、哈、哈"的笑声，一直到老师和萱萱说话为止。老师问萱萱："我表扬她你这么高兴呀，"萱萱一边点头一边举起自己的作品让老师看。萱萱选择迎合老师的方式来接近教师以获得老师的关注，加固师幼关系。

⑵ **类型 II 幼儿案例**

美美，女，5 岁半。在艺术活动课上，老师要求以"我要上小学了为题"，画上学要用的学习用品。仍然以小组活动的形式进行，老师一边巡视各个小组，一边表扬幼儿，如"你画的书包真大"。美美看见老师正在弯腰看某幼儿的画，她没有离开座位去找老师，而是静静地举起自己的画示意老师，等待老师过来。美美也渴望得到老师的关注与表扬，但她表现出了良好的纪律性。

⑶ **类型 III 幼儿案例**

奇奇，男，71 个月（5 岁 11 个月）。下午起床后吃水果时间，老师在搂着一名幼儿闲谈。奇奇先是走到老师旁边两步远的地方，看了老师和正在闲谈的幼儿几眼，过了一小会儿，奇奇拿着碗走到老师面前开始闲聊起来，说："周××今天穿了一件蝙蝠侠的衣服。"老师微笑着看着奇奇，摸了摸奇奇的脸。奇奇在面对竞争者的出现来挑战师幼关系时，他通过闲聊、瞟几眼来获得教师的关注和抚慰，表现出了寻求关注的特点。

4.3 访谈结果分析

通过对小、中、大班幼儿教师的访谈内容进行编码和统计分类，一共得出与幼儿嫉妒反应相关的条目 118 个，可反映出三个特点类型，包含自我感受型、他我感受型、权威感受型、物品感受型。因为第四个类型拥有物品型所包含的条目，如"看到老师表扬别的小朋友头饰好看，会说我家也有"，这反映了幼儿因为他人在外貌或物品方面拥有了自己想要却没有的东西，从而产生的妒忌情绪体验。这不属于嫉妒的范畴，所以将物品感受型排除在外。可见，访谈结果与运用扎根原理和观察法，通过情境分析所得到的分类基本一致。通过焦点团体访谈所得的结果不仅可以充实研究内容，而且可以通过群体性思维对初步的研究结果进行

效度的检验。（见表 2-13）

表 2-13 360 分钟焦点团体访谈条目的频次和百分比分析

类型	问题条目	频次（%）
自我感受型	我喂饭的时候，有的孩子看见了就不吃了，等着我喂。	12（10.17）
55（46.61）	区域活动时，我帮小朋友拼拼图，有的小朋友就拽着我去他的区域玩。	14（11.86）
	户外活动时，我帮孩子扣扣子，有的小朋友就跑过来挡在我面前，不离开。	9（7.63）
	区域活动时，有的孩子会过来和我们（教师和目标幼儿）一起玩。	12（10.17）
	上课时，当我辅导孩子时，有的孩子会跑过来寻求帮助说，"老师"这个怎么弄。	8（6.78）
他我感受型	上课时，我表扬小朋友的时候，旁边的小朋友会哈哈笑，表示高兴。	6（5.08）
32（27.12）	我表扬小朋友好，有的幼儿会接我的话。	7（5.93）
	户外运动时，第一个跑回来的小朋友，我会抱着他飞一圈，有的小朋友没跑第一就也会过来让我抱。	8（6.78）
	上手工课时，我帮助小朋友折大象时，有的小朋友也过了让我折。	11（9.32）
权威感受型	上绘画课时，我指导小朋友画画的时候，其他组幼儿，有的会拿着画纸，站在我旁边画。	13（11/02）
31（26.27）	喝水、吃间食的时候，有的幼儿见我和别的小朋友说话，他也会过来接话，和我聊天。	6（5.08）
	上课时当我表扬小朋友时，有的看见了，也会顺着我的话说。	12（10.17）

5 讨论

5.1 质化研究的特点

质化研究能在微观层面上对社会现象进行比较深入细致的描述和分析，了解事物的复杂性，注重在自然情境下研究生活事件，注重事物的动态发展过程，通过归纳方式自下而上地建立理论；但质化研究也存在一定的弊端，不擅长从性关系或因果关系的角度对事物进行辨别，不适合对宏观层面的人群和机构进行研究，研究结果不具备量的代表性，不能推广到其他地点和人群，没有统一的程序和公认的质量标准。

具体而言，量化研究在心理学研究领域一直起主导性的作用，用自然科学的方法来测量心理学的研究对象，让心理学更为贴近物理、化学等精确的科学，但心理活动是较为丰富和多元化的，量化研究仅能测量那些可量化的部分，而对于那些随时间发展而不断发展变化的人的心理特征的测量则考虑得不够全面,因为量化研究对变量的控制较为严格，通常以抽样总体的平均数为代表，对社会及心理现象进行了简约化、凝固化和静态化的处理，破坏了研究的整体性和动态性。与量化研究相比，质化研究更多地倾向于对人的经验、行为进行解释、反思、和描述，揭示其中的独特性，关注心理现象的文化色彩。具体而言，首先，质化研究从人们的体验和行为中追寻和探讨所发生事件本身的意义。其次，质化研究具有情境的敏感性，关注研究对象所处情境的具体性和特殊性，把研究对象还原于具体的时空、社会文化、历史中，关注真实的生活体验。最后，质化研究具有整体性特点，呼吁研究者把被试放入他所生活的环境中进行整体观察和研究。虽然量化研究和质化研究持有不同的理论基础、认识论和方法论，但两者不是对立不可调和，而是可以互补的。就二者相结合，可以从宏观与微观、从人为情境与自然情境、静态与动态、自上而下的验证与自下而上建构理论对社会及心理现象进行全面而又深入地研究。两种研究方法相结合可以视为一条折中的纽带连接量化研究和质化研究，弥补二者间的鸿沟[256]。

本研究采用整体式结合量化研究和质化研究的方法，运用顺序设计，通过量化，运用演绎手段对研究假设进行检验，在此基础之上，运用质化研究，通过归纳发展出理论建构。具体而言，通过量化研究的方法得到了 3~6 岁儿童嫉妒的发展的宏观趋势，但是在这种趋势下各年龄阶段的幼儿嫉妒具体表现是什么？还需要采用质化研究的方法，从微观的层面，在自然情境下探讨幼儿嫉妒发展特点的具体表现形式。这有利于我们更加全面、深入地掌握和了解幼儿嫉妒的发展特点。

5.2 幼儿嫉妒发展特点的质化研究

Lewis 依据认知能力的发展提出了自我意识情绪一般发展模型，该模型设想了幼儿情绪发展的三个阶段，包括基本情绪阶段、以自我认知发生为基础的初级自我意识情绪阶段，自我意识评价情绪阶段[9]。嫉妒作为自我意识情绪的一个因素，以认知加工作为诱发情绪的导火索，没有自我的认知评价参与，就不会产生嫉妒。因此，我们以自我意识情绪一般发展模型为理论依据，以认知评价为基线，通过质化研究对幼儿嫉妒发展特点进行了分类与归纳，具体如下。

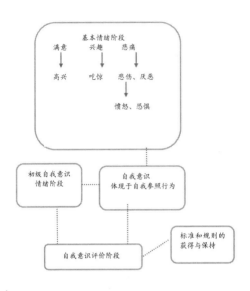

图 2-1 自我意识情绪的一般发展模型

　　小班幼儿嫉妒主要表现为自我感受型，主要指幼儿完全依据自己的感受，不考虑客观现实来表达情绪、寻求自我满足和发泄自己的冲动。具体包括消极反抗、无视纪律和寻求安慰的行为。其中消极反抗包含干扰行为、插话、噘嘴、皱眉行为，无视纪律主要体现在跨组（区）行为上，寻求安慰包含缠在教师身边、注视、参与游戏、求助行为。例如，干扰行为指目标幼儿非要挡住教师和竞争幼儿之间，以扰乱他们之间的关系，阻碍他们构建新的关系；插话行为具体表现为目标幼儿为吸引教师的关注而随意打断教师原有的谈话，并重新发起与教师的会话；当教师与竞争幼儿亲密互动时，目标幼儿会表现出噘嘴、皱眉或一直注视着教师和竞争幼儿；缠在教师身边具体表现为目标幼儿一直赖在老师身边，久久不愿离去；参与游戏具体表现为目标幼儿为维护原有的师幼关系加入教师与竞争幼儿的游戏互动中；跨组（区）行为具体表现在幼儿不顾班级的纪律，随意离开座位到老师身边去；求助行为借助工具，用询问和寻求帮助的方式达到拉拢关系的目的，如拿着玩具问老师怎么做。

我们从皮亚杰的认识发生论与依恋理论两个方面来理解小班幼儿嫉妒的特点。首先，皮亚杰认为幼儿具有“自我的中心化”特征，指幼儿不能区分自己和他人的观点，不能区分自己的行为与对象的变化，不能站在他人的角度考虑问题，把周围一切看成自己的一部分，认为世界为我而存在，一切都围绕着我，都与自己有关。而对自我的认知评价是嫉妒产生的基础[9]，小班幼儿不会考虑他人的需求，思维时总关注于自己的需求、愿望和行为上，不在乎他人的感受、以自己感到满足为行动指南，常做出带有不协调的行为方式，表现出更多的排他性，即他们嫉妒时会表现出干扰行为、皱眉、噘嘴、缠在老师身边等行为，体现出自我中心的特点。而且这些因嫉妒所表现出的行为方式与国外的许多研究相一致。许多学者在研究婴幼儿对亲子关系嫉妒的反应中发现，婴儿会表现出痛苦表情增加、发出更多的消极声音、反抗行为、干扰行为、婴儿频繁触摸母亲、注视等行为[76, 77, 54]。此外，Miller等人研究还发现，除了上述行为，母亲关注竞争婴儿时，目标幼儿还会表现出抱怨、愉快的情绪减少、重新赢得关注[84]。其次，依恋作为儿童早期最重要的社会关系，主要指幼儿对成人（既可以是父母，又可以是幼儿的老师）之间产生的持久的情感联结，一旦婴儿开始面对陌生人或是面临要与依恋对象分离，便会引发分离焦虑，并表现出强烈的反抗行为[257]。因为小班幼儿刚刚入园，依恋对象由父母转向幼儿教师，初步形成与教师的依恋关系，再加上他们刚刚进入一个全新和陌生的环境里，容易产生分离焦虑，所以小班幼儿嫉妒时会表现出反抗行为、注视、缠着教师等行为。另外有研究结果与我们归纳、总结出的嫉妒特点相符合，不安全依恋的幼儿嫉妒时会表现出反抗、注视、触摸及寻求亲近的行为[228]。

中班幼儿嫉妒主要属于他我感受型，指在与周围客观环境相接触，与人交往的过程中，在考虑客观现实及他人感受的基础上，来寻求接近教师和维持教师对自己原有的关怀与爱。具体涉及言语干扰和亲近教师两种类型的行为。其中，言语干扰行为包括告状、争宠、迫不及待地询问和接话的行为，亲近教师包括交际式跨组（区）、帮助式参与、主动亲近教师的行为。例如，告状行为主要表现为目标幼儿向教师报告同组（区）幼儿的错误和不恰当的行为，以此将教师的关注转移到自己身上，而不是直接指出竞争幼儿的过失或种种不是；争宠主要指幼儿为维持教师对自己原有关注而争夺教师资源的行为，如在扮演角色游戏中，教师扮演病人，两名幼儿分别扮演医生和护士，当竞争幼儿（医生）给教师看病时候，目标幼儿（护士）抢走竞争幼儿手里的注射器说："只有护士才能给病人打针。"迫不及待地询问主要指幼儿借助一定的社交策略，通过问问题的方式将教师的关注重新转回到自己身上，如目标幼儿会一边举着"作业"，一边说："老师、老师、我剪得对不？"接话也是幼儿想维护原有的师幼关系，维持教师对自己的关注，所采用的一种社交手段；交际式跨组主要的表现有，目标幼儿看到教师和竞争幼儿在一起进行游戏互动时，借助工具（如自己区域内的玩具）来达到与教师进行互动的目的，比如他们离开自己的座位，来到教师身边玩玩具，期待能同老师一起玩玩具，以重建原有的师幼关系；帮助式参与指幼儿借助以帮助第三者的方式来发起与教师的交往，重建教师对自己原有的关怀；主动亲近教师指幼儿采用站在或蹲在教师身边或是拉拉老师的衣角等社交策略，想维持原有的交往，他们不再直接扑向教师。

由此可见，中班幼儿的嫉妒不再完全以自我感受为认知视角，冲动性也得到了调控，积极的行为有所增加，在发起、维护与教师进行社会交往的具体行为中，更多地表现出既满足自我感受，又考虑他人感受来行事。在以往的有关幼儿嫉妒的研究中也可以发现这一方面的特点，如 Baumingerz—Zviely 等研究者在对正常幼儿与高功能孤独症幼儿的嫉妒进行了比较研究，在母亲给竞争幼儿讲故事任务中发现，4~5 岁幼儿的嫉妒表现出了更多的言语方式的社交策略，如对话（重复母亲读给竞争幼儿读故事时的词语）、接话（回答母亲向竞争幼儿所提的问题），这与我们所得到的中班幼儿嫉妒特点所表现出的行为相一致[258]。而且该研究还发现，4~5 岁的孤独症幼儿因为缺乏社会情感联结，所以仅在母亲组表现出嫉妒，而在陌生人给竞争幼儿讲故事任务中则没表现出嫉妒；另外，与正常幼儿相比，孤独症幼儿由于缺乏社会互动能力，他们的嫉妒会表现出更多的口头评论，缺乏与母亲交流和互动[258]，不会从他人的角度看问题，缺乏他我感受能力。可见，他我感受能力在嫉妒中具有重要的作用。此外，还有研究表明嫉妒需要情感联结、情感回应能力、人际互动能力、表达技能、社会参照等社会能力的参与[230, 4]，而这些社会能力都需要个体去考虑他人的感受，从而发起个体与他人间的互动，这也进一步揭示出了幼儿嫉妒体现了以他我感受能力为基础的人际互动，从而为我们对中班幼儿嫉妒特点的质化研究结果——中班幼儿会在考虑他人感受的基础上，运用一定的社会技能，利用情境线索采取一系列的行动策略来达到维护自己原有的社会关系，提供了强有力的支撑。

大班幼儿嫉妒属于权威感受型，指幼儿以权威人物（幼儿教师）的感受为原则，按照权威人物的标准来约束自己的行为，并作为自己的基本行为规则，在此基础之上发起人际交往活动，其目的是为了取悦于权威人物。具体包括接近教师、遵守纪律、寻求关注。其中接近教师涉及自言自语地表扬自己、试图接近教师、迎合教师，遵守纪律主要体现为等待行为，寻求关注涉及闲聊和瞟视行为。例如，自言自语地表扬自己具体表现为看到幼儿教师表扬竞争幼儿时，由于受到规则的约束，但又想得到老师的表扬，所以小声说"我也……"；试图接近教师行为表现为幼儿期望与教师交流和互动，但又受到权威者（教师）提出要求的约束，只能伺机观察和寻找机会，以恰当的行为方式发起与教师的互动；迎合教师指目标幼儿为维护原有的关系以教师喜欢和允许的方式行事，如看到教师表扬竞争幼儿，目标幼儿则会"哈哈笑"以示讨好教师来获得教师的关注；闲聊主要指目标幼儿运用日常生活中常见的人际交往策略以构建自己与幼儿教师的关系；等待主要表现为幼儿能够意识到基本的行为规则，所以当目标幼儿看到教师在表扬竞争幼儿，与其进行互动时，他们会遵守基本行为规则的基础上来发起与教师的交流，如在座位上举手示意老师说："我画好了"或是安静地坐在自己的座位上，举起画等待老师的表扬；瞟视指当竞争幼儿与目标幼儿争夺教师资源时，目标幼儿往往会时不时地瞟上老师几眼或斜视老师，而不是直接转过头去目不转睛地直视，以免引起老师的不快。

我们可以从皮亚杰的认知发展论、自我控制理论、《幼儿园教育指导纲要》与《3~6岁儿童学习与发展指南》四个方面来理解大班幼儿嫉妒的特点。第一，皮亚杰对于大班幼儿规则的发展进行了充分的论述。首先，从幼儿的道德发展层面，皮亚杰认为大班幼儿的规则处于他律阶段，并认为在此阶段的幼儿仅能遵守规则，往往看重行为的后果（如上课随便下地是不对的），而不会考虑规则行为的意向与规则背后所蕴含的社会性意义[259]。其次，从幼儿游戏层面，皮亚杰认为大班幼儿已出现有规则游戏，他们能够意识到规则的存在，并会去努力按照规则行事，这种规则往往源于游戏中玩伴之间的契约，属于一种受约束的行为，并蕴含有一定的社会性的规范。第二，霍夫曼和苛普从自我控制的层面对幼儿规则进行了论述。其中，霍夫曼认为幼儿遵守规则的动机受到外部奖赏与惩罚机制的影响，主要是取悦于制定行为规则的权威人物，在社会情境中不依据标准来对自己的行为进行权衡和评估，而是完全取决于权威人物的要求，以获得奖励或是避免受到惩罚为标准[157]。另外，苟普明确指出大班幼儿已有能力来运用规则、计划和策略来指导和调控自己的行为，能够较长时间地维持适合的行为，并会产生一系列的预期[158]。第三，在我国试行的《幼儿园教育指导纲要》的总目标中提出，"要培养幼儿理解并遵守日常生活中的基本的社会行为规则"。而且在《3~6岁儿童学习与发展指南》中具体指出，为培养"幼儿社会适应能力，要培养幼儿遵守基本的行为规范，5~6岁阶段的幼儿（大班）要达到理解规则的意义，能与同伴协商制定游戏和活动规则，并建议帮助幼儿了解基本行为规则，让幼儿体验、理论规则的重要性，学习自觉遵守规则"。综述可见，大班幼儿具有规则意识，能够按照一定的规则来指导自己的行为，他们的行为受到日常行为规则和权威人士（教师）所提出规则要求的约束，这为我们分析与归纳出的大班幼儿嫉妒特点提供了充分的理论支撑。

此外，还有针对幼儿为争夺母亲资源所产生的嫉妒进行了研究，发现当5岁多的幼儿看到母亲怀抱着其他陌生幼儿时，他们为了改变现有的状态，会表现出尝试接近母亲，让母亲看操场上的其他幼儿，问母亲几点了，告诉母亲爸爸要打电话来等行为[78]，其中如问母亲几点了，让母亲看操场上的其他幼儿等行为类似于本研究归纳出的大班幼儿嫉妒特点中的闲聊行为，这为本研究总结与归纳出大班幼儿嫉妒特点及行为表现提供了实证支持。

综合以上质性分析可见，幼儿嫉妒发展特点是从小班的自我感受型向中班的他我感受型过渡，再发展到大班的权威感受型。

小结

质化研究结果表明，小班幼儿嫉妒属于自我感受型，中班幼儿嫉妒属于他我感受型，大班幼儿嫉妒属于权威感受型。

研究3 抑制控制、心理理论
对幼儿嫉妒的影响研究

1 研究目的

研究2通过量化研究发现,幼儿嫉妒反应随年龄的增长呈下降趋势,幼儿嫉妒发展为什么会呈现下降的趋势?受到哪些因素的影响?纵观前人的研究可以发现,嫉妒反应的差异性与认知过程间存在密切的相关性[229, 230]。此外,嫉妒的理论研究可以发现,嫉妒的认知—现象理论已指出在嫉妒产生的过程中,需要个体认知评估能力的参与,具体而言包含竞争者的出现是否会对个体产生影响,并推断其心理状态及行为,据此调控和管理个体自身的行为,以采用最优化有效的策略来达到破坏所在意之人与竞争者的关系,改善原有关系[75, 48, 262]。所以本研究选取儿童社会认知发展过程中的两个重要因素——抑制控制与心理理论,来探讨幼儿认知对嫉妒发展的影响。

2 研究假设

(1)抑制控制对幼儿嫉妒具有直接的预测作用。

(2)心理理论在抑制控制与幼儿嫉妒之间起着中介作用。

3 研究方法

3.1 研究对象

本研究的被试选取来自研究 2–2 中 4~6 的被试。此外，本研究的被试还需同时接受幼儿嫉妒、心理理论和抑制控制实验，剔除在心理理论和抑制控制实验中无效被试，最终保留剩余的有效被试共 89 人。

3.2 研究工具

(1) 嫉妒情境实验分为关系威胁情境实验和自尊威胁情境实验（同研究 2）。

(2) 心理理论实验：

心理理论实验根据 Winmmer 和 Perner 编制的经典实验范式——意外内容与意外地点任务，并在此基础之上进行改编[263]。其中，意外内容任务主要材料有文具盒、红色的旺仔牛奶糖 3 块，意外地点任务材料是以《大头儿子和小头爸爸》为题材的 4 张图片（A4 纸张）。

① 意外内容任务：

主试：先给被试呈现一个文具盒（里面装着糖果），然后问被试这是什么（幼儿会认为是铅笔），然后主试打开文具盒，告诉被试里面实际放着糖果。主试问被试：现在文具盒里装着什么（糖果）？

测试问题 1：当你第一次看到它的时候，你认为里面装的是什么（铅笔或是笔）？

测试问题 2：大头认为这里面装的是什么（铅笔、笔或不知道里面装的是什么）？

② 意外地点任务：用卡通故事图片给被试讲述一段故事，然后让被试回答问题。故事内容：这有一个小朋友叫大头，你看这是大头的房

间。大头今天过生日得到了一辆玩具汽车，他把玩具放在了床上，然后就去公园玩了。过了一会儿，妈妈回来了，她看见了玩具汽车在床上，觉得有点乱，所以就把它放到了柜子里。

控制问题1：大头最初把玩具汽车放在哪里了（床上）？

控制问题2：现在玩具汽车在哪里（柜子里）？

测试问题1：过了一会儿，大头回来了，他想玩玩具汽车。大头知不知道玩具汽车现在在哪里（不知道）？

测试问题2：大头会去哪里找玩具汽车（床上）？

控制问题是用于测试被试是否理解和记住测试任务，不参与评分。当被试正确回答出控制问题后，才能进行测试问题。若被试在主试提示后仍不能正确回答控制问题，则终止测试。每回答对一道测试问题计1分，回答错误计0分，每个心理理论任务共2分，共计4分。

(3) 抑制控制实验：

① 延迟任务：儿童和主试面对面坐在桌子的两边，桌子上放着一个透明的玻璃盒子，盒子倒扣在桌子上且里面放着一块红色的糖果。然后主试告诉被试只有当主试拿起盒子并敲响盒子的时候才允许拿走盒子下面放的糖果。此任务共进行4次，分别在第10秒钟、第15秒钟、第20秒钟、第30秒钟后敲响盒子。在实验进行过程中，在敲响盒子时间之前，要求主试要举起盒子并做出试图敲响盒子的假动作。计分方式如下：0分（在主试举起盒子之前就拿糖果）、1分（在主试敲响盒子前拿糖果）、2分（在主试举起盒子前被试触摸盒子）、3分（在主试举起盒子后，但敲响盒子前被试触摸盒子）、4分（主试敲响盒子后拿走糖果）。

② 拍手任务：主试与被试面对面坐着。在实验中要求被试做与主试相反的动作，当主试拍手时，要求被试拍大腿；当主试拍大腿时，则要求主试拍手。共12次，其中拍手6次，拍大腿6次。被试得分在

0~12 分之间。

3.3 统计处理

运用相关分析、方差分析及回归分析等统计技术，并结合统计软件 SPSS16.0 对研究数据进行分析。

4 研究结果

4.1 4~6 岁幼儿的抑制控制与心理理论的描述统计

为了探明幼儿抑制控制与心理理论对幼儿嫉妒的影响，我们初步分析了 4~6 岁幼儿抑制控制与心理理论的年龄发展特点，抑制控制与心理理论上各年龄组幼儿发展特点的描述统计见表 3–1。

表 3–1 4~6 岁幼儿心理理论与抑制控制描述统计

年龄组	N	心理理论		抑制控制	
		M	SD	M	SD
4 岁	30	3.43	1.69	11.20	3.93
5 岁	30	4.40	1.30	13.30	2.12
6 岁	30	5.03	1.16	14.60	1.81
总体	90	4.28	1.54	13.03	3.11

4.2 4~6 岁幼儿心理理论与抑制控制的发展特点

分别以抑制控制和心理理论上的得分作为因变量，年龄与性别为自变量，进行 3（年龄）×2（性别）单因变量多因素的方差分析，具体见表 3–2。

表3-2 4~6岁幼儿心理理论与抑制控制的多因素方差分析

因变量	变异来源	平方和	自由度	均方	F	partial η^2
心理理论	年龄	41.950	2	20.975	11.271*	0.212
	性别	10.982	1	10.982	5.901***	0.066
	年龄 × 性别	4.215	2	2.107	1.132	0.026
抑制控制	年龄	161.832	2	80.918	10.289***	0.197
	性别	1.441	1	1.441	0.183	0.002
	年龄 × 性别	21.954	2	10.977	1.396	0.032

注：***p<0.001；**p<0.01

方差分析结果表明，心理理论上的年龄主效应显著 [$F_{(2, 84)}$ =11.271，$p<0.05$，partial η^2=0.212]，进一步 *Games-Howell* 事后检验，结果表明4岁组与5岁组间存在显著性差异（$p<0.05$），4岁组与6岁组间存在显著性差异（$p<0.001$），5岁组与6岁组之间差异性显著（$p<0.05$），这表明在心理理论水平上，5岁的幼儿显著高于4岁的幼儿，6岁的幼儿显著高于5岁的幼儿；性别主效应显著 [$F_{(1, 84)}$ = 5.901，$p<0.001$，partial η^2=0.066]，这表明在女孩心理理论水平显著高于男孩（$p<0.01$），而年龄与性别的交互作用并不显著 [$F_{(2, 84)}$ = 1.132，$p>0.05$，partial η^2=0.026]。

抑制控制的年龄主效应显著 [$F_{(2, 84)}$ =10.289，$p<0.001$，偏 partial η^2=0.197]，做进一步 *Games-Howell* 事后检验，结果表明4岁组与5岁组间存在显著性差异（$p<0.05$），4岁组与6岁组间存在显著性差异（$p<0.001$），5岁组与6岁组间存在显著性差异（$p<0.05$），这说明5岁组的控制抑制水平显著高于4岁组，6岁组的控制抑制水平显著高于5岁组；性别上的主效应不显著 [$F_{(1, 84)}$ = 0.183，$p>0.05$，partial η^2=0.002]；年龄与性别的交互作用并不显著 [$F_{(2, 84)}$ = 1.396，$p>0.05$，partial η^2=0.032]。

4.3 幼儿嫉妒与心理理论、抑制控制的相关分析

为了进一步探究抑制控制和心理理论与幼儿嫉妒间的关系，我们先分析了抑制控制和心理理论与幼儿嫉妒间是否存在相关关系，结果见表3-3。

表3-3 幼儿嫉妒与心理理论与抑制控制的相关

	幼儿嫉妒	心理理论	抑制控制
幼儿嫉妒	1		
心理理论	−0.234*	1	
抑制控制	−0.228*	0.287**	1

注：***$p<0.001$；**$p<0.01$

统计结果表明，4~6岁幼儿嫉妒与抑制控制、心理理论间均存在显著的负相关，说明幼儿的抑制控制与心理理论越强，幼儿嫉妒的反应越少。抑制控制与心理理论间的正相关显著，表明幼儿的心理理论与抑制控制间的联系非常密切。

然而这也仅仅是对幼儿嫉妒与抑制控制及心理理论之间的相关性进行了较为简单的分析，那么抑制控制与心理理论是否对幼儿嫉妒具有预测作用？它们是如何影响幼儿嫉妒的发展？对于这些问题，还需要我们做出进一步的统计与分析。

4.4 心理理论在抑制控制对幼儿嫉妒影响的中介效应

本研究主要以考察抑制控制对幼儿嫉妒的影响以目的。综上所述，抑制控制、心理理论与幼儿嫉妒之间的相关关系显著。在此基础之上，我们将进一步考察抑制控制与心理理论对幼儿嫉妒的预测作用与机制。

由此我们将假设检验心理理论在抑制控制对幼儿嫉妒的影响中具

有中介效应并进行检验，理论路径图见图 3-1。

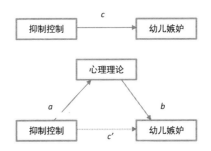

图 3-1 心理理论在抑制控制与幼儿嫉妒中的中介效应路径图

本研究依据温忠麟的中介效应检验程序[264]，检验心理理论在抑制控制对幼儿嫉妒影响的中介效应，应具体见图 3-2。

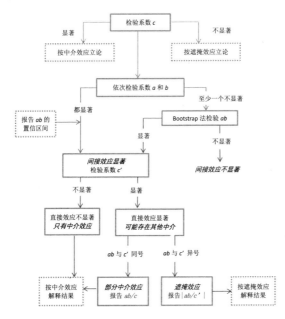

图 3-2 中介效应检验流程

为避免数据存在多重共线性的问题，首先我们分别对心理理论、抑制控制、幼儿嫉妒进行了标准化处理，在此基础上，根据中介效应检验程序，检验心理理论在抑制控制对幼儿嫉妒的影响中所存在的中介效应。具体步骤如下：

第一步，对回归系数 c 的显著性进行检验，以幼儿嫉妒为因变量（y），抑制控制为预测变量（x）进行回归分析。第二步，对回归系数 a 的显著性进行检验，以中介变量心理理论（w）为因变量，抑制控制为预测变量（x）进行回归分析。第三步，对回归系数 b 和 c' 的显著性进行检验，进行分层回归，第一层引入中介变量心理理论（w），第二层引入预测变量抑制控制（x），以幼儿嫉妒为因变量（y）进行回归分析。

表 3-4 心理理论的中介效应依次检验

	标准化回归方程	回归系数检验
第一步	y =−0.243x	$SE = 0.211$，$t = -3.021^*$
第二步	w = 0.374x	$SE = 0.087$，$t = 4.963^{***}$
第三步	y =−0.279 w	$SE = 0.085$，$t = -3.221^{**}$
	−0.276x	$SE = 0.169$，$t = -1.780^*$

注：SE 表示标准误。$***p<0.001$；$**p<0.01$；$*p<0.05$

本研究依次对路径 c、路径 a 以及路径 b 进行检验。结果表明（见表 3-4），路径 c、路径 a、路径 b 均显著，由此可见心理理论的中介效应显著。此外，本研究还发现，在进行第三步检验的时候，当加入中介变量心理理论后，路径 c' 仍然显著，说明属于部分中介效应。具体而言，抑制控制既可以对幼儿嫉妒产生直接预测作用，又可以通过心理理论对幼儿嫉妒产生间接效应。运用公式 ab/c 计算求得中介效应量，本研究的中介效应量为 0.429。

5 讨论

5.1 抑制控制对幼儿嫉妒的影响

抑制控制作为执行功能的核心成分，指个体抑制或抑制自身不适应的优势反应的一种能力。本研究发现，抑制控制水平越高，幼儿的嫉妒情绪及行为表现则会越少。主要有以下几方面原因：

第一，有关抑制控制与消极情绪反应的关系研究表明，抑制控制能力较差的个体在情绪诱发实验任务中会表现出更多的消极情绪（生气、焦虑），而抑制控制能力高者则会表现出较少的消极情绪，从而也就进一步证明了，抑制控制能力的差异可能会影响由特定情境引发的情绪所表现出的强度[265]。另外有研究表明，抑制水平的降低会导致对愤怒情绪的控制水平的下降，甚至产生酗酒行为[266]。可见，不同水平的抑制控制确实会影响消极情绪反应与表现，高水平的抑制控制者，其消极情绪体验与反应则比较少。

第二，抑制控制作为执行功能的核心，既有应对抽象认知问题的层面，又涉及需要情感卷入，对刺激所引发的情感事件进行灵活评价的层面[267]。抑制控制水平高的幼儿可能是由于其认知的灵活性进而抑制了嫉妒情绪引发的优势反应，从而降低了幼儿的嫉妒情绪及其相应的行为表现。而且，本研究主要采用优势反应抑制任务和延迟满足任务来测量幼儿的抑制控制水平，前者主要体现了对优势反应倾向的抑制或是灵活转换，而后者则体现了幼儿是否能够抑制及时的冲动（想法），对未来的结果进行正确的预期。这些能力无疑都更有利于幼儿调控自己的嫉妒情绪。

第三，嫉妒作为一种人类普遍拥有的情感体验，在幼儿阶段也具有其普遍性。而抑制控制恰巧对于整个幼儿期社会情绪能力（social -

emotional competence）的发展具有推动性的作用，其中包括建立积极的社交关系、管理自己的情绪、负责且有效地决策。而且抑制控制水平较高的幼儿，可以较好地调控自己的情绪及掌控社交技能，具有较少的外部问题[268]。此外，本研究结果表明抑制控制与幼儿嫉妒之间存在显著负相关。这正是因为随着抑制控制水平的发展促进了幼儿情绪和行为管理能力的发展，进而有效地调控了自身的嫉妒情绪和行为表现。

第四，一方面，嫉妒会产生消极的情绪体验。另一方面，嫉妒作为一种自我意识情绪，需要自我评价的参加，对嫉妒事件进行评价过程以及是否做出嫉妒反应，无处不体现出认知的灵活性。另外，从嫉妒的定义可知，嫉妒指向人际关系，这就涉及对社交关系的处理与社交技能的掌握问题，当然也涉及对嫉妒情绪的管理问题。可见，消极情绪、灵活的评价及社会情绪能力会对嫉妒产生一定的影响，而它们又与抑制控制密切相关，由此我们得出抑制控制对嫉妒具有一定的影响。

5.2 心理理论对幼儿嫉妒的影响

心理理论一般指能够理解他人的情绪、感受、意图、信念、愿望等心理状态并能领会与自己心理状态的差异性，在此基础之上对他人心理状态及行为作出预测的一种能力[166]。本研究得出心理理论与幼儿嫉妒之间存在负相关，通过回归分析得出，心理理论水平越高，幼儿嫉妒的表现则会降低。以往研究表明，自我意识情绪与其心理理论的发展存在显著的相关性[270]，而且嫉妒需要心理理论的参与[4]。究其原因，一方面，嫉妒作为自我意识情绪的一个要素，既要掌握一定的社会规则，同时又要求能够推测出重要他人对自己的评价，这就需要具备一定程度上对他人心理状态进行推理的能力。而心理理论就是对他人心理状态的复杂的推理，具体包括对他人的讲话内容、社会行为、情绪等方面的推理，还可能包含辨别他人评价的能力。由此可见，二者可能存在共同的心理加工过程。

另一方面，心理理论是指对他人心理状态的推断与理解。而嫉妒是针对人际关系而言，具体而言是对竞争者（第三者）与重要他人心理状态的关注与推测，由此判别竞争者与重要他人之间的关系，由此评价是否做出嫉妒反应。

就幼儿发展的敏感期而言，4~5岁是幼儿心理理论发展的敏感期[271, 272]。而从本研究可以发现，3~6岁也是幼儿嫉妒发展的时期。两者的敏感发展期相类似，这可以为本研究提供一定的理论支撑。此外，心理理论是一种重要的幼儿社会能力，良好的心理理论能力是社会交往能力发展的基础，同时又能对社会互动能力做出有效地预测[273]，而嫉妒也体现了个体维护或改善原有社交关系的能力。可见，心理理论能力的差异性可能会影响幼儿嫉妒。

5.3 抑制控制通过中介变量心理理论对幼儿嫉妒的间接效应

从路径分析结果可见，抑制控制与幼儿嫉妒的回归系数显著，在加入中介变量心理理论后，抑制控制与幼儿嫉妒的回归系数仍显著，这说明心理理论在抑制控制与幼儿嫉妒之间起到了部分中介作用。这就表明，抑制控制既可对幼儿嫉妒产生直接预测效应，又可以通过中介变量心理理论对幼儿嫉妒产生间接效应。具体而言，幼儿的抑制控制水平越高，幼儿的心理理论水平也就随之增长，进而导致了幼儿嫉妒的下降。

以往研究表明抑制控制与心理理论的存在相关，同时也会影响心理理论任务的发展[274, 275]，特别是与抑制冲突相关的抑制控制同心理理论间存在高相关。随着幼儿的年龄增长，幼儿的抑制控制水平也不断提高，而且在此过程中，幼儿与成人的社会互动也不断增多，在交往过程中促进了幼儿将自己的心理状态复制给他人，同时也有利于幼儿将他人的心理状态内化到自己身上，从而促进了幼儿对他人心理状态的解读。心理理论能力的提高促进了幼儿对他人心理状态的推理能力，同时也有助于幼儿社会技能的提高[276]。因此，处于人际互动情境中，抑制控制水平高的幼儿可以有效地调控自己的冲动性，压制自己的优势反应，进而减少了自己的嫉妒。另外，高水平的抑制控制在促进心理理论的发展的同时，也可能间接地促进了幼儿社会交往能力的加强，推进了幼儿社会化过程的发展，进而让幼儿掌握如何采用积极的社交策略来维护或是修缮自己的社会关系，进而降低了嫉妒的情绪反应。

小结

(1)抑制控制对幼儿嫉妒具有直接的预测作用；

(2)心理理论在抑制控制与幼儿嫉妒之间起着部分中介作用。

研究4 同胞关系的头胎幼儿的嫉妒发展特点研究

1 研究目的

幼儿对嫉妒的理解始于负面情绪（如与愤怒有关的情绪），并随着儿童掌握更多相关信息（如竞争对手的存在）而不断发展。在二胎家庭中的头胎幼儿经历了独生子女到同胞关系的转变，其心理与行为也会发生一定的转变。当头胎幼儿在受到父母冷落忽视时会将弟弟妹妹视为竞争对手，进而对弟弟妹妹产生嫉妒。

本研究通过笔者自编的嫉妒问卷来考察同胞关系下头胎幼儿嫉妒的心理，探讨头胎幼儿的性别差异、年龄差异、同胞性别一致性差异与同胞年龄差距的差异。

2 研究假设

（1）同胞关系下头胎幼儿的嫉妒存在着一定的性别差异，即女性的嫉妒程度高于男性。

（2）同胞关系下头胎幼儿的嫉妒存在一定的年级差异，即随着年龄的增长而提高，年龄较大的头胎幼儿的嫉妒较少。

（3）同胞关系下同胞性别一致性对头胎幼儿的嫉妒有显著影响，即头同胞性别一致时头胎幼儿嫉妒程度更高。

（4）同胞关系下同胞年龄差距对头胎幼儿的嫉妒有显著影响，即与同胞年龄差距越小的头胎幼儿嫉妒程度高。

3 研究方法

3.1 研究对象

本研究的被试选取来自研究 1 中 4~6 的被试，共 109 名头胎幼儿被试，其中，头胎幼儿的平均年龄为 5.03 ± 1.764；女性头胎幼儿 61 人，男性头胎幼儿 48 人；4 岁头胎幼儿 37 人

5 岁头胎幼儿 40 人、6 岁头胎儿童 32 人；与同胞性别一致的头胎幼儿 63 人、与同胞性别不一致的头胎幼儿 46 人；与同胞年龄差距低于 3 岁的头胎幼儿 45 人、与同胞年龄差距 3~6 岁的头胎幼儿 64 人。

3.2 研究工具

在理论依据嫉妒主要分为关系威胁和自尊威胁的基础上，结合有关 "二孩家庭" 的报道新闻，和实际现实中 "二孩家庭" 日常生活，编制 30 个关于嫉妒的情境故事。通过预实验，筛选出 11 个嫉妒情境故事，其中有 5 个情境故事以关系威胁的嫉妒故事为主题，5 个情境故事以自尊威胁的嫉妒故事为主题。另外编制一个为质性研究为目的的嫉妒情境故事，其目的是为了深入分析被试的具体想法。平均每个故事为4100 字左右。另附答题纸一份，要求对嫉妒的故事做四级评分，记分标准为 4、3、2、1（1= 不嫉妒，2= 有点嫉妒，3= 嫉妒，4= 很嫉妒），总分越高代表头胎幼儿的嫉妒程度更高，总分越低代表头胎幼儿嫉妒的程度较低。在正式实验开始之前，在沈阳市某幼儿园选取 50 名 4~6 岁头胎幼儿进行预实验，结果显示其内部一致性系数为 0.89，因此本研究

的嫉妒情绪材料可用于心理测验，并且此次参加预实验的头胎幼儿不再参与正式实验。

主试先提出要求，如果幼儿听懂后，主试开始阅读嫉妒实验材料（嫉妒故事）。实验开始，主试以较慢的速度朗读故事，最后的问题句子朗读时加重语气并放慢速度，故事读完后询问头胎幼儿关于嫉妒的评分，并在定性的嫉妒故事中访谈头胎幼儿的关于嫉妒的看法。

3.3 研究方法

采用 $2 \times 2 \times 3 \times 3$ 多因素被试间实验设计，自变量分别为：性别（男、女）、年龄（4岁、5岁、6岁）、同胞间性别（一致、不一致）、同胞间年龄差距（0~2岁、2~4岁、4~6岁）均为被试间变量，因变量为被试嫉妒的两个维度（关系威胁、自尊威胁）得分以及嫉妒总分。

将嫉妒研究材料分发给头胎儿童，然后由口齿清楚、普通话标准的主试阅读指导语：请注意您的选择仅仅依据故事提供的内容；无论您的答案如何都在情理之中，因此不必有任何顾虑。访谈开始，主试以较慢的速度朗读故事，最后的问题句子朗读时加重放慢，故事读完后询问头胎儿童关于嫉妒的评分，并在定性的嫉妒故事中访谈头胎儿童的关于嫉妒的看法。

4 研究结果

表4-1 头胎幼儿嫉妒的多因素方差分析结果

变异量	df	嫉妒总分		关系威胁		自尊威胁	
		MS	F	MS	F	MS	F
性别（A）	1	17.233	0.837	2.432	0.234	2.263	0.310

变异量	df	嫉妒总分		关系威胁		自尊威胁	
		MS	F	MS	F	MS	F
年龄（B）	2	21.432	3.154*	5.341	2.645	12.402	2.265*
同胞性别一致（C）	1	133.970	6.512**	46.274	6.142**	30.135	4.243*
同胞年龄差距（E）	2	36.348	1.753	3.461	0.464	31.934	4.732**
A×B	2	21.753	0.822	16.218	2.153	0.116	0.698
A×C	1	7.319	0.355	0.781	0.127	0.341	0.024
A×D	2	24.678	1.145	1.023	0.131	17.253	2.713*
B×C	2	11.374	0.518	4.167	0.591	1.232	0.141
B×D	4	8.911	0.326	7.764	1.305	2.230	0.213
C×D	2	27.390	1.270	4.402	0.660	17.082	2.479
A×B×C	2	33.022	1.345	4.402	0.660	17.093	2.469
A×B×D	4	34.170	1.546	11.287	1.550	12.408	1.624
A×C×D	2	41.527	1.804	5.523	0.754	15.702	2.365
B×C×D	4	42.905	1.984	13.275	1.575	10.346	1.704
A×B×C×D	2	4.350	0.188	5.594	0.611	7.436	1.221

注：$*p<0.05$，$**p<0.p1$

根据表 4-1 可以看出，以嫉妒总分及其维度（关系威胁、自尊威胁）为因变量，

以性别、年级、同胞之间的性别一致性与年龄差距为自变量进行多因素方差分析。结果显示，头胎幼儿的年龄在嫉妒总分、自尊威胁上结果差异显著 $[F(2, 106)=3.326, p<0.05, \eta^2=0.03; F(2, 106)=2.98, p<0.05, \eta^2=0.027]$，头胎幼儿与其同胞性别一致性在嫉妒总分、关系威胁上结果差异极其显著 $[F(1, 107)=6.509, p<0.01, \eta^2=0.057; F(1, 107)=6.158, p<0.01, \eta^2=0.055]$、在自尊威胁上结果差异显著 $[F(1, 107)=4.562, p<0.05, \eta^2=0.04]$，头胎幼儿与其同胞年龄差距在自尊威胁上结果差异极其显著 $[F(2, 106)$

=4.948，$p<0.01$，$\eta^2=0.045$〕。其中头胎幼儿的性别与同胞间年龄差距之间在自尊威胁上有显著的交互作用〔$F_{(2, 106)}=2.812$，$p<0.05$，$\eta^2=0.025$〕。

由于头胎幼儿的性别与其同胞年龄差距之间在自尊威胁上存在显著的交互作用，因此进一步进行简单效应检验可知，女性头胎幼儿与同胞间年龄差距在 2~4 岁的自尊威胁得分显著大于同胞间年龄差距 0~2 岁与 4~6 岁，而男性头胎幼儿与其同胞年龄差距在自尊威胁的结果上无显著差异〔$F_{(2, 106)}=1.663$，$p=0.195$〕。

研究 5 同胞关系头胎幼儿的嫉妒、情绪调节能力与父亲教养方式的关系研究

父亲影响幼儿成长的动态，在同胞关系下头胎幼儿受到母亲的忽视、冷落时，父亲的关怀就显得尤为重要。由于头胎幼儿可能将弟弟妹妹视为竞争对手从而产生嫉妒，父亲则可能对头胎幼儿进行情感关怀，调节头胎幼儿的负性情绪（如因竞争而产生的嫉妒）。由于在二胎家庭中父亲关爱可作为头胎幼儿的补偿性关怀，且在以往的研究中父亲可有效地控制头胎幼儿的嫉妒行为[226]，鉴于此可将父亲教养方式作为调节变量来探究同胞关系头胎幼儿的嫉妒与情绪调节能力之间的关系。

1 研究目的

通过问卷调查法，来探究同胞关系头胎幼儿的父亲教养方式。深入研究头胎幼儿的嫉妒与情绪调节能力、父亲教养方式的关系，以及父亲教养方式是否在头胎幼儿嫉妒与情绪调节能力关系之间起到调节作用。

2 研究假设

（1）父亲教养方式能够影响头胎幼儿的情绪调节能力，父亲给予更多的关爱时头胎幼儿的情绪调节能力为最佳。

（2）父亲教养方式对头胎幼儿的嫉妒产生影响，父亲给予的关爱与鼓励更少时头胎幼儿的嫉妒最为强烈。

（3）同胞关系头胎幼儿的嫉妒、情绪调节能力与父亲教养方式三者相互影响，其中情绪调节能力、父亲教养方式分别对头胎幼儿的嫉妒起到显著的预测作用，以及父亲教养方式在头胎幼儿的嫉妒与情绪调节能力的关系中起调节作用。

3 研究方法

3.1 研究对象

本次实验需选取 120 名 4~6 岁的头胎幼儿为被试，剔除无效数据后，共有 109 份有效数据。其中，头胎幼儿的平均年龄为 5.03 ± 1.764；女性头胎幼儿为 61 人，男性头胎幼儿为 48 人；4 岁头胎幼儿为 37 人、5 岁头胎幼儿为 40 人、6 岁头胎幼儿为 32 人；与同胞性别一致的头胎幼儿为 63 人，与同胞性别不一致的头胎幼儿为 46 人；与同胞年龄差距低于 2 岁的头胎幼儿为 45 人、与同胞年龄差距 2~4 岁的头胎幼儿为 41 人、与同胞年龄差距大于 4~6 岁的头胎幼儿为 23 人。

3.2 研究工具

3.2.1 儿童情绪调节问卷与嫉妒实验

（1）儿童情绪调节问卷。《儿童情绪调节问卷》由 Gross 编制，一共 10 个项目。包括认知重评和表达抑制两种情绪调节策略，其中 6 个项目考察认知重评，4 个项目考察表达抑制。问卷采用李克特 7 点计分（由 1 代表"完全不同意"到 7 代表"完全同意"），无反向计分题，得分越高表明儿童使用相应的情绪调节策略越频繁,情绪调节能力更好。问卷具有良好的信度和效度。

(2)嫉妒实验同研究4的研究工具。

3.2.2 父亲教养方式问卷——父亲版

该问卷由 Parker 依据依恋理论编制了父母教养方式问卷(Parental Bonding Instrument,PBI),是评估个体对儿童时期(<16岁)父母教养方式的认知的自陈量表,分为母亲版(PBI-M)和父亲版(PBI-F),各有23个条目,分为关爱、鼓励自主和控制三个因子,采用李克特4点计分形式(由0代表"完全不符合"到3代表"完全符合"),得分越高代表父亲关爱越高,得分越低代表父亲关爱越低。父亲版问卷的信度、效度均为良好。

3.3 研究过程

3.3.1 情绪调节能力与嫉妒研究过程

同研究4。

3.3.2 父亲教养方式研究过程

将《父母教养方式问卷——父亲版》发给头胎幼儿,由于幼儿识字量能力有限,所以由主试根据问卷内容,以口齿清晰、语速适中来朗读,并将被试幼儿的答案填写在问卷上,不计时间,待头胎幼儿完成问卷后回收问卷。

4 研究结果

4.1 父亲教养方式的多因素方差分析结果

从表5-1可以看出，以父亲教养方式及其维度（关爱因子、鼓励自主因子、控制因子）为因变量，以性别、年级、同胞间性别以及年龄差距为自变量进行多因素方差分析。结果显示，头胎儿童的年级在父亲教养方式、控制因子上的结果差异极其显著 $[F(2, 106)=6.436$，$p<0.01$，$\eta^2=0.057$；$F(2, 106)=8.29$，$p<0.01$，$\eta^2=0.072]$，在鼓励自主因子上的结果差异显著 $[F(2, 06)=3.738, p<0.05$，$\eta^2=0.034]$；头胎幼儿的性别在关爱因子上的结果差异极其显著 $[F(1, 107)=6.586$，$p<0.01$，$\eta^2=0.058]$。头胎幼儿的性别、年级、同胞间性别以及年龄差距之间在父亲教养方式及其各维度上并无显著的交互作用（$p>0.05$）。

表5-1 头胎幼儿各方面在父亲教养方式上的多因素方差分析

变异量	df	父亲教养方式		关爱因子		鼓励自主因子		控制因子	
		MS	F	MS	F	MS	F	MS	F
性别（A）	1	17.233	0.837	2.432	0.234	2.263	0.310		
年龄（B）	2	21.432	3.154*	5.341	2.645	12.402	2.265*		
同胞性别一致（C）	1	133.970	6.512**	46.274	6.142**	30.135	4.243*		
同胞年龄差距（D）	2	36.348	1.753	3.461	0.464	31.934	4.732**		
A×B	2	21.753	0.822	16.218	2.153	0.116	0.698		
A×C	1	7.319	0.355	0.781	0.127	0.341	0.024		

变异量	df	父亲教养方式		关爱因子		鼓励自主因子		控制因子	
		MS	F	MS	F	MS	F	MS	F
A × D	2	24.678	1.145	1.023	0.131	17.253	2.713*		
B × C	2	11.374	0.518	4.167	0.591	1.232	0.141		
B × D	4	8.911	0.326	7.764	1.305	2.230	0.213		
C × D	2	27.390	1.270	4.402	0.660	17.082	2.479		
A × B × C	2	33.022	1.345	4.402	0.660	17.093	2.469		
A × B × D	4	34.170	1.546	11.287	1.550	12.408	1.624		
A × C × D	2	41.527	1.804	5.523	0.754	15.702	2.365		
B × C × D	4	42.905	1.984	13.275	1.575	10.346	1.704		
A × B × C × D	2	4.350	0.188	5.594	0.611	7.436	1.221		

注：*$p<0.05$，**$p<0.01$

4.2 头胎儿童的嫉妒、父亲教养方式、情绪调节能力的相关分析

根据表 5-2 可以看出，嫉妒及其维度——自尊威胁与父亲教养方式呈显著的负相关，嫉妒及其两个维度，即自尊威胁和关系威胁与父亲教养方式的关爱因子呈极其显著的负相关。嫉妒及其维度——关系威胁与情绪调节能力呈显著的负相关，嫉妒及其维度——关系威胁与情绪调节能力的认知重评呈显著的负相关。父亲教养方式与情绪调节能力相关不显著。

4.3 头胎儿童的嫉妒、父亲教养方式、情绪调节能力的回归分析

根据表 5-3 可以看出，父亲教养方式与情绪调节能力对头胎儿童嫉妒均有显著的负向预测作用（$t= -2.411$，$p<0.05$；$t= -2.159$，$p<0.05$），预测力分别为 4.6%、4.2%；父亲教养方式的关爱因子对头

表5-2 头胎幼儿嫉妒总分及各维度、父亲教养方式总分及各维度及各维度与情绪调节能力总分及各维度的相关矩阵

	$M \pm SD$	1	2	3	4	5	6	7	8	9	10
1 嫉妒	32.171 ± 5.823	1.000									
2 自尊嫉妒	14.623 ± 2.741	0.792**	1								
3 关系威胁	14.534 ± 2.841	0.953**	0.578**	1							
4 父亲教养方式	39.422 ± 8.160	-0.313*	-0.204*	-0.156	1						
5 关爱因子	19.771 ± 4.705	-0.377**	-0.257**	-0.321*	0.741**	1					
6 鼓励自主	8.206 ± 3.605	-0.112	-0.064	-0.213	0.802**	0.512**	1				
7 控制因子	6.835 ± 2.833	-0.133	-0.136	-0.057	0.327***	0.224*	0.483***	1			
8 情绪调节能力	40.911 ± 7614	-0.313*	-0.201	-0.431*	0.122	0.141	0.222	0.088	1		
9 认知重评	24.831 ± 7.725	-0.304*	-0.144	-0.217*	0.303	0.117	0.202	0.112	0.663**	1	
10 表达抑制	17.141 ± 4.543	0.085	0.078	0.058	-0.008	-0.034	-0.062	-0.041	0.642**	-0.081	1

注：*p<0.05，**p<0.01

胎儿童嫉妒有极其显著的负向预测作用（$t= -3.279$，$p<0.01$），其预测力为 8.6%。

表 5-3 头胎幼儿的嫉妒对情绪调节能力、父亲教养方式的回归分析

因变量	预测变量	R	$R2$	F	β	t
嫉妒	父亲教养方式	0.213*	0.076	5.673*	-0.213	-2.411*
	关爱因子	0.373**	0.094	9.871**	-0.474	-3.279**
	情绪调节能力	0.204**	0.051	4.509*	-0.211	-2.159*

注：*$p<0.05$，**$p<0.01$

4.4 父亲教养方式在情绪调节能力、嫉妒间的调节效应检验

本研究采用分层回归分析，以嫉妒为因变量，在第一层回归分析中以性别、年龄、同胞性别一致性、同胞间年龄差距为自变量；在第二次回归分析中以情绪调节能力、父亲教养方式为自变量；在第三层回归分析中以情绪调节能力与父亲教养方式的交互项为自变量，来进一步考察父亲教养方式、情绪调节能力与嫉妒之间的关系。具体步骤如下，首先将父亲教养方式、情绪调节能力进行中心化处理，然后分别将父亲教养方式与情绪调节能力相乘，形成交互作用项。根据表 5-4 可以看出，父亲教养方式与情绪调节能力的交互效应显著（$\beta = -0.167$ $p<0.05$），这说明父亲教养方式在情绪调节能力与嫉妒的关系中起到了显著的调节作用。为了更直观的了解父亲教养方式对情绪调节能力与嫉妒关系的调节作用，将父亲教养方式的得分按照高关爱的父亲教养方式（$M+SD$）、低关爱的父亲教养方式（$M-SD$）分为两组，呈现父亲教养方式对嫉妒与情绪调节能力关系的调节趋势。

表 5-4 父亲教养方式在情绪调节能力与嫉妒间的调节作用检验结果（n=109）

步骤	预测变量	β	t	ΔR2	R2
第一层	性别	0.022	0.221	0.082	0.049
	年龄	0.153	1.373		
	同胞性别一致性	−0.206	−3.170**		
	同胞间年龄差距	−0.090	−0.679		
第二层	情绪调节能力	−0.337	−2.317**	0.156	0.119
	父亲教养方式	−0.176	−2.005**		
第三层	情绪调节能力 × 父亲教养方式	−0.167	−1.872*	0.177	0.154

注：*p<0.05，**p<0.01

由图 5-1 可以看出，父亲高关爱组的头胎幼儿而的嫉妒随着情绪调节能力水平的升高而显著降低（simple slope= −0.417，t= −2.348，p<0.05）；在父亲低关爱组的头胎幼儿随着情绪调节能力水平的升高，其嫉妒呈缓慢下降趋势（simple slope= −0.106，t= −0.597，p>0.05）。

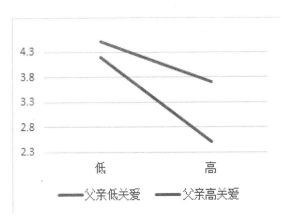

图 5-1 父亲教养方式对嫉妒与情绪调节能力关系的调节作用

第四部分 综合讨论

作为一种自我意识情绪，嫉妒既影响个体对自己思想、情感及行为的激发和调节，又服务于个体的社会需求，帮助个体以符合社交期望、被他人接受的方式构建良好的社交关系，从而得以在社会中生存和发展。针对婴幼儿亲兄弟姐妹（sibling）在亲子关系中产生的嫉妒国外已经开展了研究[125, 79, 174]，而我国幼儿从 3 岁进入幼儿园开始发展师幼关系。他们不像在家里那样独享关系和资源，而是和其他同龄的幼儿共享师幼关系，与人争夺有限的关系资源，其中重要的价值关系——师幼关系受到来自竞争者的威胁，那么在此情境中幼儿会做出哪些嫉妒反应？幼儿嫉妒的发展具体有哪些特点？是什么原因导致了这些差异性的存在？这些问题将进一步影响幼儿社交技能的发展，为此我们进行了以上研究。

本研究主要由五个分研究构成：研究 1 运用探索性因素分析、验证性因素分析及多质多法探讨了幼儿嫉妒的结构；研究 2 结合量化研究与质化研究探讨了 3~6 岁儿童嫉妒的发展特点；研究 3 采用实验法探讨了抑制控制、心理理论与幼儿嫉妒的关系。本研究以幼儿嫉妒发展为主线，在嫉妒结构研究的基础上，编制了幼儿嫉妒评定工具，同时结合情境实验对 3~6 岁儿童嫉妒的发展趋势进行了考察，结果发现幼儿嫉妒随年龄的增长呈下降趋势。为深入挖掘宏观趋势下不同年龄阶段幼儿嫉妒发展特点的具体表现，在量化研究的基础之上，我们考察了幼儿嫉妒发展特点的具体表现，分析结果表明小班幼儿属于自我中心型、中班幼儿属于社交目标型、大班幼儿属于社交规则型。为了探明幼儿嫉妒发展差异性的原因，我们进一步探究了抑制控制、心理理论与幼儿嫉妒发展的关系，结果发现抑制控制通过中介变量心理理论间接影响幼儿嫉妒的发展。研究4探讨了同胞关系的头胎幼儿的嫉妒发展特点研究；研究5则进一步探索了同胞关系头胎幼儿的嫉妒、情绪调节能力与父亲教养方式的关系。

1 幼儿嫉妒的结构研究

1.1 幼儿嫉妒的构成要素

嫉妒的结构到底由哪些要素构成？国外学者大部分采用问卷法对此进行研究，研究结果众说纷纭，有二维结构和四维结构、五维结构、六维结构等多维结构。这些结构从不同程度或侧面上揭示了嫉妒的本质，各有利弊。具体而言，四维结构、五维结构、六维结构等多维结构虽然对嫉妒的理解比较全面，但将嫉妒作为一种人格特质，超出了嫉妒情绪的内涵。而二维结构虽然比较简单，但从情绪层面揭示了嫉妒的结构。此后，国内外学者在上述结构基础上，编制了评定嫉妒的量表，常用的主 Mathes、Bringle、Hupka、White、Rosmarin 和 Buunk 编制的七大嫉妒量表[24, 102, 72, 63, 278, 74, 25]。但这些评定量表主要是针对成人或青少年在恋爱关系中所产生的嫉妒，而适用于测量婴幼儿嫉妒的量表一直缺乏；另外上述的 7 个量表都是针对恋爱关系开发的，对在其他人际关系类型中（如亲子关系、师幼关系）产生的嫉妒考虑不足。而关于幼儿嫉妒结构既缺乏系统的理论探究，同时又缺乏相关的研究。

由此我们采用二维嫉妒结构，即对自尊的保护和对关系的维护，或者说是嫉妒主要源自两种威胁，即失去关系的威胁和失去自尊的威胁[49, 69, 23, 25, 68]。在此基础上我们对幼儿的嫉妒结构进行了理论推导，认为幼儿嫉妒结构同样是由关系威胁和自尊威胁两个维度构成。本研究对幼儿嫉妒结构的理论构想在研究1中获得了统计结果的确认。

在研究1中，首先运用探索性因素分析技术对幼儿嫉妒结构进行统计分析，采用极大方差旋转方法抽取因子，删除只有一个题目的公共因子，两个或两个以上的公共因子具有相接近的载荷的题目，以及公共因子上最大载荷小于0.3，且共同度小于0.4的题目，最后得到两个特征根大于1的因子，共13道题目。此外，根据Cattell所倡导的碎石图检验法，从图1-1中可以看出，陡坡开始发生在第二个因子处，在第三个因子后曲线逐渐趋于平坦，几乎形成一条直线，前两个因子组成的结构符合最简结构原则，这与我们的理论假设相吻合。分别将这些因子命名为关系威胁和自尊威胁，由此我们得到了幼儿嫉妒的结构。尽管通过探索性因素分析得到的结果与本研究的理论建构相符合，然而探索性因素分析主要受数据驱动，是否合理、有效，能够涵盖3~6岁儿童嫉妒基本结构，回答这一疑问，我们采用验证性因素分析技术对幼儿嫉妒结构作出了进一步的考察与验证。

通过重新选取样本进行验证性因素分析，对嫉妒初始模型（13道题目）和验证模型（12道题目）的拟合指数进行对比与探讨，最终得到有两个因子构成的验证模型与数据的拟合程度较好。由此可见，本研究得出的3~6岁儿童嫉妒结构由关系威胁和自尊威胁两个维度构成既符合实际又具有效性。

关系威胁是指当个体面临对自己重要的或有价值的关系受到实际（潜在）的威胁或即将失去的时候所体验到的一种情绪和表现出的一系列行为（面部表情、言语及行为）。关系威胁可以说是婴儿期、幼儿期亲子依恋关系和情感的进一步发展。3岁前母亲作为婴儿的主要看护者和抚养人，自然也就成为婴儿主要的依恋对象。而3岁后，幼儿进入幼儿园以后，其社会关系也随之丰富和发展起来，幼儿的依恋对象也逐渐从母亲转向教师，幼儿的依恋发展也就进入了一个更高的阶段，即寻求老师的关注阶段，此时所建立的师幼关系逐渐替代原有亲子关系所处的地位并成为幼儿的重要关系。此时幼儿不仅寻求教师的关注，同时也希望自己独享教师资源，渴望获得来自教师更多的、更长时间的关注，而且年龄越小的幼儿在此方面表现得越为明显。例如，在日常生活中，当教师搂着一名幼儿进行交谈时，其他幼儿也会主动上前来寻求教师的关注，比如搂着老师的肩膀、靠在老师身上或拉一拉老师的衣角，采用多种方式来吸引教师的关注，维护已经建立的师幼关系。

自尊威胁是指个体的重要他人倾向于竞争者或被竞争者吸引时，个体在与竞争者进行比较，感到自己处于劣势地位时所体验到的一种情绪及表现出的一系列行为（面部表情、言语及行为）。国外有许多研究表明，嫉妒与自尊之间存在显著的负相关，当失去重要关系时，高自尊的个体很少倾向于将重要关系的失去归因于对自我的否定。另外，幼儿尚缺乏独立评价的能力，对自我的评价受到他人的影响，会将他人的评价纳入自己的评价系统。而当幼儿面临有可能失去或将要失去重要的关系时，他们认为重要他人（教师）更倾向于竞争者（幼儿），由此认为自己能力不如竞争者，进而感到丢面子，或者自尊受到了威胁。例如，在小组活动课的时候，老师表扬某名幼儿时，其他幼儿会争着让老师表扬自己，如表扬自己的作品也不错，或举起作品让老师看，或是指出被表扬幼儿的不好。

1.2 嫉妒两维度的关系

从研究1中结构效度的统计结果可见，关系威胁和自尊威胁相关系数 0.400（p<0.01），呈中低相关，从统计角度可以证明，关系威胁和自尊威胁具有密切的相关性，共同反映了个体的同一个心理和行为——嫉妒。关系威胁是嫉妒发生发展的基础，也是嫉妒发生发展的必要前提；而自尊威胁则是幼儿嫉妒发展的重要表现形式。

幼儿从亲子依恋关系转移到对师幼关系的依恋。幼儿进入幼儿园以后，其大部分时间都是在幼儿园度过，在与教师的长时间互动中形成了对教师的依恋，并建立了亲密的师幼关系。他们开始把师幼关系看作自己的重要关系或有价值的关系，并希望独享这种关系，即具有排他性，当其他幼儿（竞争者）来争夺教师资源，分享师幼关系的时候，幼儿会体验到嫉妒的情绪。在此基础上，随着自我的发展，幼儿开始学会了自我关注及比较，当面临重要关系受到威胁的时候，教师可能会倾向于竞争者，表扬或亲近竞争者，由此幼儿可能会感到自己不如竞争者，感到丢面子，自尊受到了威胁。

2 3~6 岁儿童嫉妒的发展特点

本研究依据幼儿嫉妒结构，整合量化研究与质化研究来探讨幼儿嫉妒发展特点。具体而言，采用问卷法和情境实验法，从关系威胁和自尊威胁两个因素着手，从宏观层面上探讨了 3~6 岁儿童嫉妒的发展趋势。在量化研究的基础上，为探明 3~6 岁儿童嫉妒宏观发展趋势下，幼儿嫉妒都有哪些行为表现，各年龄段幼儿嫉妒表现出怎样的特点，采用了质化研究方法，通过扎根原理、观察法、非结构式访谈等方法收集原始资料，并运用类属分析、个案分析以及访谈分析的方法对幼儿嫉妒发展进行动态的描述与分析，进而归纳总结出各年龄段幼儿嫉妒发展的特点。

2.1 幼儿嫉妒发展的年龄特点

在研究1嫉妒结构研究的基础之上，我们设计了研究2，探讨了3~6岁儿童嫉妒发展的特点。从以往大量的研究中可以看出，嫉妒发展具有年龄的差异性。Hart和Carrungton研究发现，6个月婴儿的嫉妒已经发生，当母亲关注娃娃而忽视目标婴儿时，他们会感到沮丧，消极情绪会增多，并会注视着母亲[76]。在此基础之上，Hart等研究者在进一步的研究中发现，注视、接近母亲、恐惧等可以作为衡量婴儿嫉妒发生的指标[77]。Miller等学者在研究中发现，12~16个月婴儿嫉妒会表现出愉快情绪减少，痛苦表情有所增多，抱怨母亲对于他们的忽视，并想重新得到母亲的关注[84]。Masciuch和Kienapple的幼儿嫉妒研究发现，13个月的婴儿嫉妒开始使用语言，重复母亲的话；2岁多的幼儿嫉妒会表现出语言配合行为，如一边推妈妈一边说让母亲起来；而3~5岁以后的幼儿嫉妒表现出使用语言抱怨的程度增加，如抢着回答母亲向竞争幼儿提出的问题[78]。可见，幼儿的嫉妒发展体现出年龄的差异性，但3~6岁儿童嫉妒究竟具有怎样的发展趋势，是否存在性别间的差异，这些问题还缺乏系统的研究。因此，研究2-1采用量化研究，运用问卷法和情境实验法来考察3~6岁儿童嫉妒发展的宏观趋势。

本研究发现，我国3~6岁儿童嫉妒总体发展趋势呈现出非常显著的年龄差异，关系威胁和自尊威胁的方差检验均达到了显著性水平。也就是说，各年龄段幼儿嫉妒的发展速度并不均衡，随着年龄的增长呈不断变化发展的趋势。3~6岁儿童嫉妒的年龄发展趋势是，随年龄的增长幼儿嫉妒呈下降趋势。3~6岁儿童嫉妒随年龄增长而不断变化发展。其原因主要是幼儿随着年龄的增长，生活范围也随之不断扩大，社会关系的不断拓展和丰富，自我意识情绪、自我评价能力、自我控制能力、自我体验水平也不断发展提高。嫉妒作为自我意识情绪的主要成分之一，是一种需要自我参与的情绪体验，同时也与自我评价、自我意识的发展有关。由此也就带动了幼儿嫉妒的总体发展与变化。

国外也有研究得出相似的结果，如在以亲子关系为背景考察亲兄弟姐妹间的嫉妒情绪研究中，发现年幼的儿童比兄长表现出更多的嫉妒情绪[84]。这一方面与幼儿自我控制的发展有关，随着年龄的增长幼儿自我控制显著提高，而自控能力高的个体能较好地进行自我调控，拥有较好地发展和谐的人际交流的能力[279]，从而减少了由于人际冲突而产生的嫉妒。另一方面，与自我评价相关，幼儿自我评价的发展主要经历由他律向自律转化的过程，幼儿初期主要以他律为主，体现着从他性的特点，参照他人的评价来规范自己的行为，随着年龄的增长，幼儿逐渐学会将许多准则内化为自己的规则意识，从而有意识地顺从这些规则，并来调控和约束自己的行为，进而促使嫉妒随年龄的增长而下降。

在对前人理论与实证研究的回顾与梳理基础之上，通过研究 2-2 的质化研究，我们分别对小、中、大三个不同年龄段班级的幼儿的嫉妒发展特点进行了分析、归纳与总结。幼儿的嫉妒发展大致经历了从自我感受向他我感受到受权威感受约束的转化与发展过程，消极不恰当行为逐渐减少，积极适当行为逐渐增加，自我评价趋于合理化，语言的参与增多，社交策略有所发展。幼儿嫉妒发展特点由最初的以自我感受为中心到受权威人物要求约束，体现着自我意识的增强。

幼儿的嫉妒发展特点具体如下：

(1) 从消极到积极

情绪体验根植于社会人际交往关系之中，并整合了认知评价与社会经验。情绪体验依赖于包括评价和解释在内的认知过程，而认知过程又依赖于个体的社会化程度。可见个体社会化的程度决定着个体对情绪状态的体验，这使个体在特定关系情境中所体验的情绪，以被社会所接受的方式恰当地表达出来。所以，随着年龄的增长，幼儿社会化的发展，认知评价能力的提高，幼儿嫉妒所表现出的积极行为逐渐增加。如小班幼儿嫉妒会表现出干扰、噘嘴、皱眉、插话等一系列的消极反抗行为，即便是在寻求安慰时也会出现缠着老师的消极行为。因为小班幼儿完全依靠自身内部资源来采用应对策略，所以他们的嫉妒往往会表现出更多的不恰当行为。而中班幼儿嫉妒所表现出的积极行为增加，如期待与教师进行交流，主动接近教师，借助帮助第三者（竞争幼儿）来参与实践。而到了大班阶段，幼儿情绪社会化程度较高，受到社会人际互动的影响，同时掌握了一定的社交技能，所以他们嫉妒时会表现出更多的积极行为，如自我表扬、试图接近教师、迎合教师等，从而增加了与教师的交流和合作，同时也促进了正性行为的产生。

⑵ 从情绪操纵行为到情绪策略

幼儿最初的嫉妒受到自我中心化的认知所驱动，依照自我的心理状态，并不去照所处之情境来对自我的情绪反应进行认同。换言之，处于社会关系情境中的个体，依赖于自我的情绪体验进行思考和采取行动，行动受到情绪的操纵，在社会化过程中，更倾向于自己的情绪体验。例如，小班幼儿嫉妒时会表现出消极反抗（噘嘴、皱眉、干扰行为）、无视纪律，随意离开座位缠在老师身边，以夺回教师关注。小班幼儿的嫉妒在行为上表现出很强的冲动性，面对外界刺激的时候很难约束自己的冲动性，会以更为直接和强烈的方式来满足个人的需要。随着认知能力的发展，自我意识的增强，幼儿开始把嫉妒情绪体验导向更加思维化的层面上，他们开始意识到为达到目的，可以采用不同的情绪行为，在一定程度上，能够依据社会关系情境的独特性而选择较为灵活的方式去表达情绪，情绪策略所引发的行动起到适应社会关系情境的作用。如当教师与竞争幼儿进行游戏互动时，中班幼儿的嫉妒往往会表现出帮助竞争幼儿解决问题，以亲近教师。而大班幼儿嫉妒往往会表现出采用迎合教师的行动策略来吸引教师的注意，维护原有的师幼关系。

(3) 从单一到复杂

3~6 岁儿童的嫉妒表现为由单一的行动到语言的增多再到行动与言语的联合。如小班幼儿的嫉妒会表现出干扰行为、皱眉、噘嘴等单一的行动，此后随着年龄的增长，会出现一边喊着"老师、老师"，一边拉老师的衣角，幼儿的语言能力不断发展。以语言为媒介的情绪反应，意味着需要更多的认知分析的参与，这使幼儿的情绪体验、所引发的情境与相应的社交规则相联结，促进个体在人际互动中思考自己的情绪体验与行动方式，以社会适应的方式进行人际互动，幼儿不再以自我来看问题，随着社会交往技能以及社会规则意识的递增，开始学会合作、协调、适应，从而使幼儿学会了处理自己的情绪。

2.2 幼儿嫉妒发展的性别差异

本研究结果表明，3~6 岁儿童嫉妒的总体发展的性别差异显著，且关系威胁维度上存在显著的性别差异，自尊威胁性别差异不显著。而且，幼儿嫉妒总体发展及关系威胁维度上，男孩高于女孩。

本研究结果还说明，男孩的嫉妒情绪反应多于女孩，进一步表明女孩对情绪的调控能力高于男孩，这与幼儿自我控制的研究结果相一致。此外，性别角色意识并非与生俱来，而是在后天的社会学习中所获得的。幼儿在社会化发展过程中，父母或教师都会按照社会文化所规定的性别角色的行为方式去培养和强化幼儿的性别角色意识。一般而言，父母和教师更强调女孩的顺从性、安静、稳重、被动性、易管教性、秩序性等方面，而他们更关注男孩的独立性、冒险精神、探索性、竞争性、活跃性、好胜心、敢为性等方面。在日常生活与学习中，教师和家长更看重女孩对规则和秩序的遵守与服从，培养了她们更多接受与忍让的品质，从而也就造就了女孩更好的情绪调节能力；而男孩常被鼓励竞争、探索和冒险，这可能造就了男孩冲动勇于表现的特点。

3 抑制控制、心理理论对幼儿嫉妒发展的影响

本研究结果表明 3~6 岁儿童嫉妒随年龄的发展呈下降趋势，幼儿嫉妒发展的年龄特征受到了哪些因素的影响呢？以往大量研究表明，嫉妒的差异性与认知过程间存在密切的相关性[126, 127]。为此我们选择以幼儿社会认知发展中两个重要因素——心理理论与抑制控制（执行功能的核心要素）作为变量，探讨社会认知因素对嫉妒发展的影响。

具体而言，在研究 3 中，通过方差分析考察了年龄和性别对抑制控制和心理理论的影响，结果显示，在抑制控制、心理理论和幼儿嫉妒上的年龄与性别主效应的差异性均显著，且随着年龄的增长，幼儿抑制控制和心理理论水平逐渐提高，而幼儿嫉妒反应逐渐下降。这一研究结果与前人的研究相似，即 3~6 岁儿童抑制控制和心理理论快速上升的时期[177]。在亲子嫉妒的纵向追踪研究中发现，随着年龄的发展，年长儿童的嫉妒反应低于年幼儿童的嫉妒反应，这也为本研究幼儿嫉妒的发展提供了实证支持[4]。另外，在进一步的中介效应检验中得出，抑制控制与心理理论对嫉妒具有显著的负向预测作用，即抑制控制水平越高，心理理论能力越强，幼儿嫉妒反应越下降。这是因为幼儿嫉妒发展与认知发展过程存在相关性。具体而言，在针对孤独症儿童的嫉妒反应研究中发现，孤独症儿童的嫉妒反应与智商存在显著相关[230, 95, 281, 96]，由于他们在社会情绪理解方面的缺陷，导致孤独症儿童在某些情境中无嫉妒反应[258]。不仅如此，在成人嫉妒的实证研究中发现，处于恋爱或婚姻关系的男性和女性，由于他们认知和评价过程的差异，导致男性和女性在嫉妒起因和反应上存在一定的差异性[282]。虽然异性配偶的出轨行为会引起嫉妒，但是男性会因为异性配偶的性事不忠产生嫉妒，而女性则会因为异性配偶的情感不忠而产生嫉妒[88, 283]。以上研究从实证的层面验证了社会认知过程对嫉妒的影响，并为抑制控制与心理理

论对幼儿嫉妒产生负向影响提供了实证支持。

不仅如此，本研究结果还发现，抑制控制既可以对幼儿嫉妒产生直接预测作用，又可以通过中介变量心理理论对幼儿嫉妒产生间接效应。具体而言，第一，抑制控制会对情绪反应产生一定的影响，抑制控制水平低会导致情绪反应强度的增加，如愤怒，甚至产生失控行为[265]。而3~6岁儿童的抑制控制能力已开始发展，具有抑制优势反应的能力、调节情绪的能力[274]。随着年龄的增长，幼儿抑制控制水平不断提高，从而有效地抑制了幼儿由于嫉妒而产生的冲动情绪，从而降低了幼儿的嫉妒反应。第二，幼儿抑制控制、心理理论与嫉妒情绪的发展具有相似的敏感期。3~6岁是幼儿抑制控制和心理理论快速上升的时期[280]，也是幼儿嫉妒情绪发展的下降时期，三者具有相似的幼儿发展的敏感期，说明三者之间可能有一定的相关性。另外，前两者的发展趋势与幼儿嫉妒情绪的发展趋势相反，这也可以说明幼儿嫉妒情绪的发展受到了心理理论和抑制控制水平的影响。第三，三者具有相同的神经生理基础。神经心理学研究表明，抑制控制与心理理论任务能激活前额叶皮层等脑区活动[181, 182]，而研究表明嫉妒情绪能激活前额皮层等脑区的活动[183]。这表明虽然有特定的大脑区域单独负责抑制控制、心理理论及嫉妒情绪的加工，但是以上研究说明三者的加工过程需要共同的脑区参与其中。由此可见，抑制控制、心理理论及嫉妒情绪具有相同的神经机制，三者间存在一定的相关性。

另外，以往研究表明，抑制控制与心理理论之间存在密切的相关性[274, 287, 288]。而心理理论能力不足会干扰幼儿对特定情境中的情绪线索的解读能力[289]，嫉妒正是需要对他人心理状态的解读与推测，抑制控制水平的高低会影响情绪反应的强度。由此也推断出，抑制控制和心理理论水平会影响嫉妒的反应。入园后，幼儿社会交往活动的增多，社会关系不断拓宽与发展，他们更多地关注于人际关系的建立与对比，一旦原有的重要关系受到威胁或已经失去，就会引发幼儿的嫉妒反应。而嫉妒由思想、情感与行为整合而成[20]，需要抑制控制与心理理论的参与。两者水平不断发展，可以促进幼儿对他人心理状态的推测与理解能力，又有益于幼儿抑制优势反应与冲动性。抑制控制水平高的幼儿能更好地调控自己的情绪，抑制自己的优势反应，从而减少嫉妒情绪；与此同时，高抑制控制能力的幼儿其心理理论水平也高，他们能够更准确地推测和解读对自己重要的他人和竞争者的心理状态，从而为保持现有的师幼关系采取正确的行动策略。

4 同胞关系的头胎幼儿的嫉妒发展特点

研究表明，同胞关系的头胎幼儿的年龄对嫉妒、自尊威胁的影响显著。当头胎幼儿面临嫉妒情境时其嫉妒随着年龄的增长而随之减少，即年龄较低的头胎幼儿（4岁）相对于年龄较大的头胎幼儿（6岁）而言，其嫉妒是较高的。以往的国外研究显示，在对亲子关系背景下兄弟姐妹之间的嫉妒的研究中，年幼的幼儿而比年长表现出了更多的嫉妒[216]。情绪体验包括了认知评估与社会化，并与社会人际交往紧密联系，因此随着年龄的增长，头胎幼儿的社会化的处于逐步发展中，认知评估能力的提高，幼儿嫉妒所表现出的积极行为逐渐增加，嫉妒也逐渐减少。大一点的幼儿应该已经对复杂的情感有了一定的了解和应对策略，比如嫉妒，这样他们就能更好地控制这些情感。重要的是，尽管有这些认知上的收获，个人在童年和成年后仍会继续经历和表达嫉妒[290]。随着年龄的增长，头胎幼儿的社会经验越发的丰富，其自我意识情绪也在不断地发展与提高。Berk（2015）研究表明，儿童在6岁左右时其自我意识情绪才开始与内心的正确行为标准整合起来，此外也有研究自我意识情绪与基本情绪，研究结果表明大多数6~8岁的儿童采用基本情绪来解释自我意识情绪，而 10 岁以及更大的儿童对自我意识情绪的理解更好[291]。嫉妒作为自我意识情绪的主要成分之一，年龄更大的幼儿在面对嫉妒情境时体验到的嫉妒也就越少，因为他们能够更好地去理解与解释嫉妒情绪，并做出积极回应。自尊威胁是指头胎幼儿自己认为重要的人倾向于竞争者时，并感受到自己处于被忽视、劣势地位时产生的一种情绪与行为。同胞关系的头胎幼儿年龄对自尊威胁的影响是显著的，也就是说年龄越低的头胎幼儿在嫉妒情境下体验到的自尊威胁显著高于年龄较大的头胎幼儿，而究其原因可能是低年级的头胎幼儿缺乏自我评估的能力，容易受到他人的影响，而随着年级的增加，头胎幼儿对自我评估能力提升，体验到的自尊威胁越少。以往的许多研究表明，嫉妒与自尊之间存在显著的负相关，即当面临自尊威胁时自尊的个体较少的将失去重要关系归因到自我评估里去。

同胞关系的头胎幼儿与其同胞性别一致性对嫉妒以及关系威胁、自尊威胁的影响显著，即当头胎幼儿与同胞的性别同为男性或者女性（同性）时，他在面临嫉妒情境时的嫉妒总分更高、更为显著；当头胎幼儿与同胞的性别不一致（异性）时，其嫉妒总分不显著。这是因为在人类的进化历史上适应问题和对抗机制的循环的出现，一种可能的解释就是关于嫉妒的进化论。嫉妒是一种情感，当个体所拥有的一种重要的关系受到威胁时，嫉妒就会被激活[292, 293]。有研究者认为，异性间选择偏好模式与同性间的竞争模式是相互作用与联合进化的关系[294]，因此当头胎幼儿而在嫉妒情境中面对同性别的弟弟或者妹妹时其竞争会更加强烈，当头胎幼儿感到自己的地位或者关系受到威胁就会对同性别的弟弟妹妹产生嫉妒。

同胞关系的头胎幼儿的性别与同胞间年龄差距在自尊威胁上有显著的交互作用，且女性头胎幼儿与年龄差距 3~6 岁的同胞在自尊威胁上有显著差异，男性头胎幼儿与其同胞年龄差距在自尊威胁的结果上无显著差异。有研究表明，青少年的嫉妒有显著的性别差异，女性比男性呈现出了更高水平的嫉妒[295]。同时也有研究表明，男性的嫉妒与自尊相关不显著，而女性的嫉妒与自尊存在显著的相关[296]。自尊威胁是指个体生命中的重要人物倾向于或吸引竞争对手时，个体想拥有但却没有时所经历的情感与行为，比如面部表情、言语及行为。因此女性头胎幼儿在面临嫉妒情境中的自尊威胁时，其嫉妒更为显著。并且在幼儿大脑发育的过程中，女孩的大脑发育（尤其是大脑的左半球）比男孩早，这就使得女孩比男孩具有更高的情绪表达能力，能够更充分的体验情绪[297]。

5 同胞关系的头胎幼儿嫉妒、情绪调节与父亲教养方式的关系

5.1 同胞关系的头胎幼儿父亲教养方式的特点

同胞关系的头胎幼儿的年级对父亲教养方式及其维度（鼓励自主因子、控制因子）的影响显著，低年龄头胎幼儿的鼓励自主得分显著高于高年龄的头胎幼儿，高年级头胎幼儿的控制因子得分显著高于于低年级的头胎幼儿。这就表明，头胎幼儿的年级越高，其父亲就越多的控制；年级越低，其父亲就越多的鼓励自主。究其原因可能是父亲与孩子的关系更多地体现在影响子女社会化发展以及鼓励孩子的独立行为上，父亲更多的是承担家庭经济责任且形象严肃[298]。特别是处在同胞关系下的头胎幼儿，儿童在一个特殊的家庭生活环境下，更是会被父亲严格要求以便为弟弟妹妹做一个的好榜样。父亲在与幼儿进行游戏时多是采取积极、鼓励和平等的态度，但在对幼儿行为问题上又采用严格、权威的形象。当头胎幼儿年龄/年级逐渐增长，父亲就越需要对幼儿进行严格的要求，这样才有利于幼儿的社会化发展[299]。

同胞关系的头胎幼儿的性别对父亲教养方式中关爱因子的影响显著，头胎幼儿的性别为女性时的关爱因子得分显著高于性别为男性的头胎幼儿，即当头胎幼儿为女性时，父亲给予的关爱更多；当头胎幼儿为男性时，父亲给予的关爱较少。这项结果与其他相关研究一致，无论是独生子女或者是二胎家庭，当幼儿性别为女性时，得到的关爱结果都是一致的。父亲对女孩的过分关心、鼓励独立都是多于男孩的[300]，这也与社会上的通俗观点一致，许多父亲对女儿给予更多的宠爱，或者也可以说女孩子比男孩子更能感受到细腻的情感。

5.2 同胞关系的头胎幼儿的嫉妒与情绪调节能力、父亲教养方式相关分析

本研究表明：嫉妒及其两个维度（关系威胁、自尊威胁）与父亲教养方式呈显著的负相关，并与父亲关爱因子呈显著的负相关。这就是说父亲教养方式越好，头胎幼儿的嫉妒情绪就越低，并且父亲对头胎幼儿给予的关爱越多，其嫉妒情绪就越低。这与国外的研究结果是一致的。研究表明，当头胎幼儿感到自己的弟妹比自己更受宠爱时，他们会表现出更强烈的嫉妒心。此外，这些嫉妒感往往每个月至少经历一次，但只持续很短的一段时间。一般来说，这些研究有助于解释嫉妒产生的三元情境——当兄弟姐妹被他们的父母以不同的方式对待时，他们报告了更大的以嫉妒为导向的体验或反应，父母差别对待是一个重要的因素[301]。在嫉妒范式中，头胎幼儿的反应不仅比弟弟妹妹的反应对同胞关系下兄弟姐妹间的互动有更强的预测作用，尤其是头胎幼儿和父亲之间的嫉妒反应对两年后同胞关系下兄弟姐妹间的互动更有预测作用。这与以往的发现相一致，即头胎幼儿在父亲期间的嫉妒反应与父母报告的兄弟姐妹冲突有关[217]。此外，研究还表明，一些父亲在兄弟姐妹出生后更关心照顾头胎幼儿，因为母亲们总是忙于照顾新生儿。因此，随着孩子

的成熟，父亲和头胎幼儿之间的关系可能会加强，而且会特别亲密。Dunn（1985）发现，当父亲与年幼的兄弟姐妹互动时，头胎幼儿通常会感到痛苦，这强调了年长的兄弟姐妹可能会认为与父亲的关系是"特殊的"。当头胎幼儿的弟弟妹妹需要更多的关注时，头胎幼儿可能会敏锐地意识到幼儿侵犯了他或她与父亲的"特殊"关系，父子关系的亲密可能解释了为什么在目前的研究中，头胎幼儿在父亲阶段的嫉妒反应比在母亲阶段的嫉妒反应更能预测同胞关系下兄弟姐妹以后的行为。由此可见，在同胞关系下头胎幼儿与父亲的关系更为重要，当父亲给予头胎幼儿更多的关注与宠爱，头胎幼儿的嫉妒情绪就会越少，父子关系也更为亲密。

同胞关系的头胎幼儿的嫉妒与情绪调节及其维度（认知重评）呈显著的负相关，且关系威胁与情绪调节及其维度（认知重评）有显著的负相关。这就是说头胎幼儿的情绪调节能力越完善，其嫉妒情绪越少，并且头胎幼儿对环境、关系的认知重评能力越高，其嫉妒情绪也越少。认知重评指的是个体通过改变对情绪事件的理解，改变对情绪事件个人意义的认识来降低情绪反应，有研究表明认知重评能够有效地进行情绪调节[302]。在同胞关系下，头胎幼儿与兄弟姐妹之间的关系可能会使孩子对大声的攻击性语言变得不那么敏感，从而帮助他们在冲突情况下更有策略地思考和行动。因此，通过参与冲突和努力解决冲突的过程，兄弟姐妹之间的冲突为头胎幼儿提供了反复学习识别、表达和调节消极行为和情绪的适当方法的机会[303]。此外也有研究发现，青少年在面对负性情绪（愤怒、悲伤或者嫉妒）时采用的情绪调节策略大多数为积极性的，比如表达倾诉、接受、积极再评价。青少年采用积极性的情绪调节策略时，其负性情绪能够得到很大程度上的缓解[304]。因此，头胎幼儿在面对嫉妒情境时采用认知重评的越多，那么就越能对嫉妒情绪进行解释，并且在同胞关系下不断地进行情绪调节与学习，从而减少嫉妒情绪的产生。

5.3 同胞关系下头胎幼儿的情绪调节能力、父亲教养方式对嫉妒的预测作

本研究结果表明：情绪调节能力对头胎幼儿嫉妒情绪有显著的负向预测作用，预测力为 4.1%。这是因为情绪调节是个体管理和改变自己或他人的情绪的过程。个体通过使用一定的策略和机制，使得个体的情绪在生理活动、主观体验、表情行为等方面发生一定的变化。情绪调节的对象包括使个体产生困扰的负性情绪，嫉妒作为负性情绪中的一种，显然是情绪调节的重要对象之一。因此，当情绪调节能力完善、情绪调节策略丰富的时候，同胞关系下头胎幼儿的嫉妒情绪会更少的出现；当情绪调节能力较弱、情绪调节策略较少，同胞关系下头胎儿童的嫉妒情绪就会出现的更多，进而造成负性情绪影响个体的情感体验与行为方式。

父亲教养方式对头胎幼儿嫉妒情绪有显著的负向预测作用，其预测力为 4.5%；父亲教养方式的关爱因子对头胎幼儿的嫉妒情绪有显著的负向预测作用，其预测力为 8.5%。有研究发现，除了孩子的会话顺序外，父亲在三元模式下的促进行为是兄弟姐妹与父亲行为失调的唯一显著预测因子，表明父亲在社交三角形内对孩子行为的促进管理支持了孩子的嫉妒心理。年长的兄弟姐妹在同胞关系中嫉妒心理可能更容易产生，因为他们觉得被骗了，不能和父亲亲密地在一起，特别是当那个蹒跚学步的婴儿取代了他们的位置，现在得到了父亲的全部关注[305]。因此，父亲与头胎幼儿之间存在一种特别的关系，父亲的存在对同胞关系出现的嫉妒情境有着密切的联系。当父亲给予头胎幼儿更多的关爱、鼓励时，同胞关系下头胎幼儿的嫉妒情绪会更少的出现；当父亲忽视头胎幼儿、给予的关爱与鼓励很少，同胞关系下头胎幼儿的嫉妒情绪会出

现更多。

5.4 同胞关系下头胎幼儿的父亲教养方式在情绪调节能力与嫉妒间的调节作用

本研究表明，在控制了性别、年级、同胞性别一致性与同胞年龄差距等变量之后，情绪调节能力、父亲教养方式均对嫉妒情绪有显著的负向预测作用。这也与本研究回归分析结果相一致。同时结果显示，父亲教养方式在情绪调节能力与嫉妒之间有显著的调节作用，父亲高关爱更有助于头胎幼儿通过自身的情绪调节能力来减少嫉妒的产生，这就表明了父亲教养方式作为在家庭环境中不可缺少的重要养育方式，可作为一个保护性因素与情绪调节能力相互作用，减少头胎幼儿在同胞关系下嫉妒的出现。国外有研究表明，父亲能够为这些年幼的孩子提供必要的帮助来规范他们的嫉妒行为[305]。当父亲给予更多的关爱与鼓励时，能够为头胎幼儿建立积极情绪反应提供精神上的支持，让头胎幼儿在同胞环境中面临弟弟妹妹争夺、嫉妒情境时知道父亲是喜爱、重视自己的，从而减少了嫉妒的出现。研究发现父亲可能会对年长的头胎幼儿在童年期时情绪调节能力有更高的期望，因此当头胎幼儿有负性情绪时，父亲会控制他们的情绪并进行调节[217]。所以，在二孩家庭教育中应该重视父亲对头胎幼儿的关爱与照顾，保护头胎幼儿不受嫉妒的影响，促进头胎幼儿的心理健康发展。头胎幼儿的情绪调节能力越高其嫉妒水平越低，因此还应重视头胎幼儿的情绪调节能力的健康发展。

6 本研究的不足与展望

本研究在自我意识情绪框架下对嫉妒进行了研究，初步探讨了3~6岁儿童嫉妒结构、发展趋势与特点及其相关影响因素问题，得出了一些有价值的结论。尽管如此，时间、精力等研究条件的限制，还有一些方面的问题有待进一步的研究和探讨。

6.1 研究样本取样的局限性

研究一所编制的"3~6岁儿童嫉妒教师评定问卷"，仅选取沈阳地区的城市幼儿为研究样本。从问卷的代表性来看，一方面有必要在全国大范围多点取样进行调查研究，建立常模并最终形成测量3~6岁儿童嫉妒发展的有效量表。另一方面，本研究被试主要以城市幼儿为主。且被试幼儿大部分为独生子女，而就我国国情而言我们还应该考虑非独生子女在师幼关系中的嫉妒发展特点，是否存在城乡差异，是否与独生子女的幼儿嫉妒发展特点不同，由此关注社会文化（如家庭养育环境、独生与非独生子女）对幼儿嫉妒发展的影响。

6.2 不同人际关系中的幼儿嫉妒

嫉妒作为一种情绪，是受到不同情境线索的刺激所引发的。国外大量研究集中于对成人恋爱嫉妒的研究，也有一些学者考察了亲兄弟姐妹对亲子资源的争夺中所产生的嫉妒情绪。然而大部分幼儿在3岁后入园接受学龄前的教育，其依恋对象由母亲转向教师，由此形成了师幼关系，考察师幼关系嫉妒也是本研究的创新点之一。但随着年龄的增长，社会关系的不断丰富，是否会因争夺同伴关系而产生的嫉妒情绪？同伴关系的嫉妒发生在儿童的哪个时期？其具体的发展特点又是如何？这有待今后做进一步的研究。

6.3 幼儿嫉妒的纵向研究

本研究采用横向研究方法对幼儿嫉妒的发展趋势与具体发展特点进行研究，但若要对嫉妒发展进行更为准确和系统的研究，应采用纵向研究方法。一方面，可以考察儿童期嫉妒发展特点；另一方面，可以考察儿童嫉妒发展的影响因素，如亲子依恋质量、情绪调节能力、社交技能等。更为系统地探讨儿童嫉妒发展的本质与特点。

6.4 幼儿嫉妒的神经机制研究

目前尚缺乏幼儿嫉妒的神经机制研究。本研究通过问卷法和情境实验考察了幼儿嫉妒的发展趋势与特点，而这种发展上的差异与特点是否具有生理基础？我们未来可以通过激素研究，脑成像技术来考察幼儿嫉妒发展特点与差异的神经生理机制，同时也为幼儿嫉妒影响因素的研究提供神经生理上的支持。

6.5 嫉妒的干预研究

嫉妒作为一种高级情绪，需要认知、情感和行为系统的整合，体现了幼儿社会情绪能力、社会交往技能等社会化的程度与发展。嫉妒是每个人或多或少都会有的一种情绪，不可避免。面对正常幼儿，我们应该考虑善加利用因嫉妒而产生的的一系列以维护社会关系为目的的行为，促进他们社会交往技能、情绪调节能力等方面的发展。而对于高嫉妒的幼儿，应该引起教师和家长的关注，探讨如何根据已有的研究建立干预方案，形成可操作性强的干预因子，让研究成果发挥其应有的作用与价值。

第五部分 结论

本研究整合理论和实证、问卷法与情境实验的方式对 3~6 岁儿童嫉妒结构、发展特点及相关影响因素进行了综合探讨，结论如下。

1. 本研究编制的 3~6 岁儿童嫉妒教师评定问卷具有良好的信度和效度，可以作为测评我国幼儿嫉妒发展的工具，了解幼儿嫉妒发展的依据。

2. 3~6 岁儿童嫉妒由关系威胁和自尊威胁两个维度构成。关系威胁是指个体面临对自己重要的或有价值的关系受到实际（潜在）的威胁或者即将失去的时候所体验到的一种情绪。自尊威胁是指当重要的他人更倾向于竞争者或被竞争者所吸引时所体验到的一种情绪。

3. 3~6 岁儿童嫉妒发展随年龄的增长呈下降趋势，男孩的总体嫉妒水平高于女孩，在关系威胁维度上，男孩的嫉妒水平高于女孩。

4. 幼儿园小班幼儿嫉妒属于自我感受型，中班幼儿嫉妒属于他我感受型，大班幼儿嫉妒属于权威感受型。

5. 抑制控制对幼儿嫉妒具有直接的预测作用，心理理论在抑制控制与幼儿嫉妒之间起着部分中介作用。

6. 父亲教养方式在头胎幼儿的嫉妒与情绪调节能力间起调节作用。

参考文献

［1］Mathes，E.W.，Jealousy: The psychological data. 1992: University Press of Amer.

［2］Arnocky，S.，et al.，Jealousy mediates the relationship between attractiveness comparison and females' indirect aggression. Personal Relationships，2012. 19（2）: p. 290–303.

［3］Giordano，P.C.，et al.，The characteristics of romantic relationships associated with teen dating violence. Social Science Research，2010. 39（6）: p. 863–874.

［4］Hart，S.L. and M. Legerstee，Handbook of Jealousy: Theory，Research，and Multidisciplinary Approaches. 2010: John Wiley & Sons.

［5］Birkeland，S.F.，& Denmark，K.，Paranoid Personality Disorder and Organic Brain Injury: A Case Report. The Journal of neuropsychiatry and clinical neurosciences，2013. 25（1）: p. E52–E52.

［6］Soyka，M. and P. Schmidt，Prevalence of delusional jealousy in psychiatric disorders. J Forensic Sci，2011. 56（2）: p. 450–452.

［7］Cocchin，R.，& Tornati，A.，Diagnosis of depression in children. Rass Studi. Psichiat，1975. 64（1）: p. 34–42.

［8］Darwin，C.，The expression of the emotions in man and animals.

1872 London: John Murray.

［9］Lewis， M.， The Self in Self - Conscious Emotions. Annals of the New York Academy of Sciences， 1997. 818（1）: p. 119–142.

［10］Robins， R.W.， E.E. Noftle， and J.L. Tracy， Assessing self-conscious emotions. SELF–CONSCIOUS EMOTIONS， 2007: p. 443.

［11］Tracy， J.L. and R.W. Robins， " Putting the Self Into Self-Conscious Emotions: A Theoretical Model". Psychological Inquiry， 2004. 15（2）: p. 103–125.

［12］冯晓杭 and 张向葵， 自我意识情绪: 人类高级情绪. 心理科学进展， 2007. 15（6）: p. 878–884.

［13］欧阳文珍, 嫉妒心理及其内隐性研究. 心理科学, 2000. 23(4): p. 446–449.

［14］阿瑟•S•雷伯, 李伯黍译, 心理学词典. 1996, 上海译文出版社.

［15］休谟， 论人性. 1983, 商务出版社.

［16］Pine， A.M.， & Aronso， E.， Antecedents， correlates and consequences of sexual jealousy. Journal of personality， 1983. 51（1）: p. 108–136.

［17］Hupka， R.B.， Jealousy: Compound emotion or label for a particular situation? Motivation and Emotion， 1984. 8（2）: p. 141–155.

［18］Mathes， E.W. and N. Severa， Jealousy， romantic love， and liking: Theoretical considerations and preliminary scale development. Psychological Reports， 1981. 49（1）: p. 23–31.

［19］Salovey， P.， The psychology of jealousy and envy. 1991: Guilford Press.

［20］Bryson， J.B.， Modes of response to jealousy–evoking situations. The psychology of jealousy and envy， 1992: p. 178–207.

［21］DeSteno，D.A. and P. Salovey，Evolutionary origins of sex differences in jealousy? Questioning the "fitness" of the model. Psychological Science，1996. 7（6）: p. 367–372.

［22］Clanton，G.，& Smith，L.G.，Jealousy，Prentice–Hall，Englesood Cliffs. 1977 NJ.

［23］Shettel–Neuber，J.，J.B. Bryson，and L.E. Young，Physical Attractiveness of the "Other Person" and Jealousy. Personality and Social Psychology Bulletin，1978. 4（4）: p. 612–615.

［24］Bringle，R.G.，Correlates of Jealousy. 1977.

［25］White，G.L.，A model of romantic jealousy. Motivation and Emotion，1981. 5（4）: p. 295–310.

［26］Clanton，G.，Frontiers of jealousy research. Vol. 4. 1981: Alternative Lifestyles. 259–273.

［27］Neu，J.，Jealousy thoughts，in Expllaining emotions. 1980, University of California Press: Berkeley. p. 425–463.

［28］Schoeck，H.，Envy: A theory of social behavior. 1969.

［29］Sullivan，H.S.，The interpersonal theory of psychiatry. 1953, New York:: Norton.

［30］Taylor，G.，Envy and jealousy: Emotions and vices. Midwest Studies in Philosophy，1988. 13（1）: p. 233–249.

［31］Smith，R.H. and S.H. Kim，Comprehending envy. Psychological bulletin，2007. 133（1）: p. 46.

［32］Hart，S.L. and M. Legerstee，Handbook of Jealousy: Theory, Research，and Multidisciplinary Approaches 2010: John Wiley & Sons.

［33］Hart，S.L. and M. Legerstee，Handbook of Jealousy: Theory, Research，and Multidisciplinary Approaches 2010: John Wiley & Sons.

［34］史占彪，张建新，李春秋，嫉妒的心理学研究进展．中国临床心理学杂志，2005. 13（1）: p. 123-125.

［35］王晓钧，现代嫉妒理论的分歧与契合研究．心理科学，1999. 22（4）: p. 318-322.

［36］王晓钧，7种嫉妒评估量表的信度与效度研究．心理科学，2001. 24（5）: p. 573-575.

［37］Rhyner, B., Psychological aspects of the male-female relationship. Psychologia: An International Journal of Psychology in the Orient, 1984.

［38］Buss, D.M., The dangerous passion: Why jealousy is as necessary as love and sex. 2000: SimonandSchuster. com.

［39］Buss, D.M., The evolution of human mating. Acta Psychologica Sinica, 2007. 39（3）: p. 502-512.

［40］Buss, D.M. and M. Haselton, The evolution of jealousy. Trends Cogn Sci, 2005. 9（11）: p. 506-507; author reply 508-510.

［41］Buss, M.D., Evolutionary Psychology. 2004, Boston:Pearson.

［42］Buss, D.M., et al., Sex differences in jealousy: Evolution, physiology, and psychology. Psychological science, 1992. 3（4）: p. 251-255.

［43］Buunk, A.P., et al., Height predicts jealousy differently for men and women. Evolution and Human Behavior, 2008. 29（2）: p. 133-139.

［44］Goetz, A.T., et al., Punishment, proprietariness, and paternity: Men's violence against women from an evolutionary perspective. Aggression and Violent Behavior, 2008. 13（6）: p. 481-489.

［45］Schüttzwohl, A., The intentional object of romantic

jealousy ☆ . Evolution and Human Behavior, 2008. 29（2）: p. 92–99.

［46］王晓钧, 嫉妒研究的现状, 特点和趋势分析. 心理科学, 2000. 23（3）: p. 293–296.

［47］Hupka, R.B., Cultural determinants of jealousy. Alternative Lifestyles, 1981. 4（3）: p. 310–356.

［48］Lazarus, R.S., Psychological stress and the coping process. 1966, New York: Mc Graw Hill.

［49］Mathes, E.W., H.E. Adams, and R.M. Davies, Jealousy: loss of relationship rewards, loss of self–esteem, depression, anxiety, and anger. Journal of personality and social psychology, 1985. 48（6）: p. 1552.

［50］Rydell, R.J., A.R. McConnell, and R.G. Bringle, Jealousy and commitment: Perceived threat and the effect of relationship alternatives. Personal Relationships, 2004. 11（4）: p. 451–468.

［51］DeSteno, D., P. Valdesolo, and M.Y. Bartlett, Jealousy and the threatened self: getting to the heart of the green–eyed monster. Journal of personality and social psychology, 2006. 91（4）: p. 626.

［52］Buunk, B. and R.B. Hupka, Cross–cultural differences in the elicitation of sexual jealousy. Journal of sex research, 1987. 23（1）: p. 12–22.

［53］White, G.L. and P.E. Mullen, Jealousy: Theory, research, and clinical strategies. 1989: Guilford Press.

［54］Hart, S., et al., Jealousy protests in infants of depressed mothers. Infant Behavior and Development, 1998. 21（1）: p. 137–148.

［55］Roetzel, A.C., & Hart, H. S., The infants reasctions to loss of a caregiver's exclusive attention in childcare settings, in Society for Research in Child Development. 2007: Boston.

［56］Hart, S., Boylan, L. M., Carroll, S. R., Musick, Y., & Lampe, R. M., Breast-fed one-week-olds demonstrate superior neurobehavioral organization. Journal of Prediatric Psychology, 2003. 28: p. 529-534.

［57］Hart, S. and K. Behrens. Loss and recovery of exclusivity: Responses of dyads with secure and insecure attachment relationships. in Poster presented at the International Conference on Infant Studies, Vancouver, BC. 2008.

［58］Brown, G.L., Neff, C., Shigeto, A., & Mangelsdorf, S. C., Dyadic relationship and triadic family interactions: Linkages between attachment concordance and family dynamics, in the Society for Research in Child Development. 2009: Denver.

［59］Hill, S.E., & Buss, D. M., The evolutionary psychology of envy. Envy: Theory and research, ed. R.H. Smith. 2008, NewYork: Oxford Unversity Press.

［60］Harris, C.R., A review of sex differences in sexual jealousy, including self-report data, psychophysiological responses, interpersonal violence, and morbid jealousy. Personality and Social Psychology Review, 2003. 7 (2): p. 102-128.

［61］Lewis, D.M., Individual differences and universal condition-dependent mechanisms. 2013.

［62］Maner, J.K. and T.K. Shackelford, The basic cognition of jealousy: an evolutionary perspective. European Journal of Personality, 2008. 22 (1): p. 31-36.

［63］Hupka, R.B., & Bachelor, B., Validation of a scale to measure romanticjealousy, in the Annual Convention of the Western

Psychological Association 1979: San Diego. p. 8–10.

[64] Parrott, W.G., The emotional experiences of envy and jealousy. The Psychology of Jealousy and Envy, ed. P. Salovey. 1991: The Guilford Press.

[65] Bringle, R.G., Psychosocial aspects of jealousy: transactional model. The Psychology of Jealousy and Envy, ed. P. Salovey. 1991: The Guilford Press.

[66] Buunk, B.P., Personality, birth order and attachment styles as related to various types of jealousy. Personality and Individual Differences, 1997. 23（6）: p. 997–1006.

[67] Pfeiffer, S.M. and P.T.P. Wong, Multidimensional Jealousy. Journal of Social and Personal Relationships, 1989. 6（2）: p. 181–196.

[68] White, G.L., Some correlates of romantic jealousy. Journal of Personality, 1981. 49（2）: p. 129–145.

[69] Rusbult, C.E., Responses to dissatisfaction in close relationships: The exit–voice–loyaoty–neglect mode. Intimate relationships: development, dynamics and deterioration, ed. D.P.S.W. Duck. 1987, Beverly Hills: Sage.

[70] 王晓钧, 嫉妒反应结构模式与反应量表的同质性研究. 心理科学, 2001. 24（2）: p. 157–159.

[71] Bringle, R.G., Measuring the intensity of jealous reactions. 1979: American Psycholog. Ass., Journal Suppl. Abstract Service.

[72] Buunk, B., Jealousy in sexually open marriages. Alternative Lifestyles, 1981. 4（3）: p. 357–372.

[73] Buunk, B., Strategies of jealousy: Styles of coping with extra marital involvement of spouse. Family relations, 1982. 31: p. 13–18.

[74] Rosmarin, D., D. Chambless, and K. LaPointe, The survey of interpersonal reactions: An inventory for the measurement of jealousy. Unpublished manuscript, University of Georgia, Athens, GA. [Links], 1979.

[75] Izard, C.E., Dougherty, L. M., & Hembree, E. A., A system for identifying affect expressions by holistic judgements. 1980: Newark: University of Delaware, University Medi Seivices. p. 1–50.

[76] Hart, S., & Carrington, H. A., Jealousy in 6–month–old infants. Infancy, 2002. 3: p. 395–402.

[77] Hart, S., Carrington, H. A. Tronick, E. Z., & Carrol, S. R., When infants lose exclusive maternal attention: Is it healousy. Infancy, 2004. 6 (1): p. 57–78.

[78] Masciuch, S. and K. Kienapple, The emergence of jealousy in children 4 months to 7 years of age. Journal of Social and Personal Relationships, 1993. 10 (3): p. 421–435.

[79] Kolak, A.M. and B.L. Volling, Sibling jealousy in early childhood: longitudinal links to sibling relationship quality. Infant and Child Development, 2011. 20 (2): p. 213–226.

[80] Massa, K., & Buunk, A. P., Rivals in the mind's eye: Jealous responses after subliminal exposure to bodyshapes. Personality and Individual Differences, 2009. 4 (6): p. 129–134.

[81] Draghi–Lorenz, R., Reddy, V., & Costall, A., Re-thinking the development of "non–basic" emotions: A critical review of existing theories. Developmental Review, 2001. 21: p. 263–304.

[82] Fogel, A., Infancy: Infancy, family and society. 2007: Sloan Educational Publishing.

［83］Brazelton, T.B., Infants and mothers: differences in development. 1983, New York: Delacorte.

［84］Miller, A.L., B.L. Volling, and N.L. McElwain, Sibling jealousy in a triadic context with mothers and fathers. Social Development, 2000. 9（4）: p. 433-457.

［85］Case, R., Intellectual development: birth to adulthood. 1985, New York: Academic.

［86］Robey, K.L., B.D. Cohen, and Y.M. Epstein, The child's response to affection given to someone else: Effects of parental divorce, sex of child, and sibling position. Journal of Clinical Child Psychology, 1988. 17（1）: p. 2-7.

［87］White, G.L., Social comparison, motive attribution assessment, and coping with jealousy, in the 89th Annual Convention of the American Psychological Association. 1981: Anaheim, CA.

［88］Sabini, J. and M. Silver, Gender and jealousy: Stories of infidelity. Cognition & Emotion, 2005. 19（5）: p. 713-727.

［89］Sch ü tzwohl, A. and S. Koch, Sex differences in jealousy. Evolution and Human Behavior, 2004. 25（4）: p. 249-257.

［90］Kuhle, B.X., K.D. Smedley, and D.P. Schmitt, Sex differences in the motivation and mitigation of jealousy-induced interrogations. Personality and Individual Differences, 2009. 46（4）: p. 499-502.

［91］Buunk, A.P., J. aan 't Goor, and A.C. Solano, Intrasexual competition at work: Sex differences in the jealousy-evoking effect of rival characteristics in work settings. Journal of Social and Personal Relationships, 2010. 27（5）: p. 671-684.

［92］Buunk, A.P., et al., Gender Differences in the Jealousy-

Evoking Effect of Rival Characteristics: A Study in Spain and Argentina. Journal of Cross-Cultural Psychology, 2011. 42（3）: p. 323-339.

［93］Guadagno, R.E. and B.J. Sagarin, Sex differences in jealousy: An evolutionary perspective on online infidelity. Journal of Applied Social Psychology, 2010. 40（10）: p. 2636-2655.

［94］Levy, K.N. and K.M. Kelly, Sex differences in jealousy: a contribution from attachment theory. Psychol Sci, 2010. 21（2）: p. 168-173.

［95］Muscanell, N.L., et al., Don't it make my brown eyes green? An analysis of Facebook use and romantic jealousy. Cyberpsychol Behav Soc Netw, 2013. 16（4）: p. 237-242.

［96］Zengel, B., J.E. Edlund, and B.J. Sagarin, Sex differences in jealousy in response to infidelity: Evaluation of demographic moderators in a national random sample. Personality and Individual Differences, 2012.

［97］DeMoja, C.A., Anixiety, self-confidence and romantic attitudes towards love in Italian undergraduates Psychological reports, 1986. 58（1）: p. 138.

［98］Mathes, E.W., Roter, P. M., & Joerger, S. M., A convergent validity study of six jealousy scales. Psychological Reports, 1982. 50: p. 1143-1147.

［99］王晓钧, 嫉妒与人格的关系. 心理学报, 2002. 34（2）: p. 175-182.

［100］张建育, 大学生的嫉妒心理及其影响因素的研究. 2004, 江西师范大学.

［101］Mead, M., Jealousy: Primitive and civilized. Jealousy, ed. L.G.S. G. Clanton. 1977, NJ: Prentice-Hall: Englewood Cliffs.

［102］Bringle, R.G., Conceptualizing jealousy as a disposition. Alternative Lifestyles, 1981. 4（3）: p. 274–290.

［103］Jaremko, M.E. and R. Lindsey, Stress–coping abilities of individuals high and low in jealousy. Psychological Reports, 1979. 44（2）: p. 547–553.

［104］Sheehan, G. and P. Noller, Adolescent's perceptions of differential parenting: Links with attachment style and adolescent adjustment. Personal Relationships, 2002. 9（2）: p. 173–190.

［105］Buunk, B., Husband's jealousy. Men in families, 1986: p. 97–114.

［106］Hansen, G.L., Jealousy: Its conceptualization, measurement and integration with family stress theory. The psychologigy of jealousy and envy, ed. P. Salovey. 1991, New York: Guilford Press.

［107］Coopersmith, S., The antecedents of self–esteem. 1967, San Francisco: Freeman.

［108］Sulloway, F.J., Birth order and evolutionary psychology: A meta–analytic overview. Psychological Inquiry, 1995. 6（1）: p. 75–80.

［109］Clanton, G. and D.J. Kosins, Developmental correlates of jealousy. 1991.

［110］Stuss, D. and K.R. Oxford, Neuroimaging correlates of chronic delusional jealousy after right cerebral infarction. J Neuropsychiatry Clin Neurosci, 2008. 20（2）: p. 245.

［111］Coutinho, B., J. Pinho, and Á. Machado, P–388 – Post–stroke acute elation shortly followed by pathologic jealousy – is there a common anatomic substrate? European Psychiatry, 2012. 27: p. 1.

［112］Ortigue, S. and F. Bianchi–Demicheli, Intention, false

beliefs, and delusional jealousy: insights into the right hemisphere from neurological patients and neuroimaging studies. Medical science monitor: international medical journal of experimental and clinical research, 2011. 17 (1): p. RA1.

[113] Ecker, W., Non-delusional pathological jealousy as an obsessive-compulsive spectrum disorder: Cognitive-behavioural conceptualization and some treatment suggestions. Journal of Obsessive-Compulsive and Related Disorders, 2012. 1 (3): p. 203–210.

[114] Hardeep, L.J., Mandeep, S., & Rajesh, K. M., Depression among Adolescents: Role of self sfficacy and parenting style. Psychology of Mental Health, 2009. 166: p. 13–17.

[115] 杨光艳, 嫉妒及影响因素与心理健康的因果模型研究. 2007, 陕西师范大学出版社.

[116] Mod, G., Reading romance: The impact Facebook rituals can have on a romantic relationship Journal of Comparative Research in Anthropology and Sociology, 2010. 1: p. 61–77.

[117] Muise, A., E. Christofides, and S. Desmarais, More information than you ever wanted: does Facebook bring out the green-eyed monster of jealousy? CyberPsychology & Behavior, 2009. 12 (4): p. 441–444.

[118] Utz, S. and C.J. Beukeboom, The Role of Social Network Sites in Romantic Relationships: Effects on Jealousy and Relationship Happiness. Journal of Computer-Mediated Communication, 2011. 16 (4): p. 511–527.

[119] Elphinston, R.A. and P. Noller, Time to face it! Facebook intrusion and the implications for romantic jealousy and relationship satisfaction. Cyberpsychol Behav Soc Netw, 2011. 14 (11): p. 631–635.

[120] Bryson, J. The nature of sexual jealousy: An exploratory study. in meeting of the American Psychological Association, Washington, DC. 1976.

[121] Bryson, J.B., Alcini, P., Bunnk, B., Marquez, L., Ribey, F., Rcsch, M., Sreack, F., & Van Den Hove, Cross-cultural survey of jealousy behaviors in france, germany, Italy, Netherlads, and United States, in The International Congress of Psychology. 1984: Acapulco, Mexico.

[122] Croucher, S.M., et al., Jealousy in India and the United States: A cross-cultural analysis of three dimensions of jealousy. World Communication Association, Lima, Peru, 2011.

[123] Van de Ven, N., Zeelenberg, M., & Pieters, R. (2009). Leveling up and down: the experiences of benign and malicious envy. Emotion, 9 (3), 419.

[124] Ven, N. V. D., Zeelenberg, M., & RikPieters. (2011). The envy premium in product evaluation. Journal of Consumer Research, 37 (6), 984-998.

[125] Van de Ven, N., Zeelenberg, M., & Pieters, R. (2012). Appraisal patterns of envy and related emotions. Motivation and Emotion, 36 (2), 195-204.

[126] Crusius, J., & Lange, J. (2014). What catches the envious eye? Attentional biases within malicious and benign envy. Journal of Experimental Social Psychology, 55, 1-11.

[127] Brown, K. W., & Ryan, R. M. (2003). The benefits of being present: mindfulness and its role in psychological well-being. Journal of Personality and Social Psychology, 84 (4), 822-848.

[128] Brown, K. W., Ryan, R. M., & Creswell, J. D. (2007). Addressing fundamental questions about mindfulness. Psychological Inquiry, 18 (4), 272–281.

[129] Schutte, N. S., & Malouff, J. M. (2011). Emotional intelligence mediates the relationship between mindfulness and subjective well-being. Personality & Individual Differences, 50 (7), 1116–1119.

[130] Shier, M. L., & Graham, J. R. (2011). Mindfulness, subjective well-being, and social work: Insight into their interconnection from social work practitioners. Social Work Education, 30 (1), 29–44.

[131] Kong, F., Wang, X., & Zhao, J. (2014). Dispositional mindfulness and life satisfaction: the role of core self-evaluations. Personality & Individual Differences, 56 (1), 68 165–169.

[132] Wang, Y., Xu, W., & Luo, F. (2016). Emotional resilience mediates the relationship between mindfulness and emotion. Psychol Rep, 118 (3), 725–736.

[133] Bajaj, B., & Pande, N. (2016). Mediating role of resilience in the impact of mindfulness on life satisfaction and affect as indices of subjective well-being. Personality and Individual Differences, 93, 63–67.

[134] Lepera, N. (2011). Relationships between boredom proneness, mindfulness, anxiety, depression, and substance use. ˉ New School Psychology Bulletin, 25 (2), 137.

[135] Serpa, J. G., Taylor, S. L., & Tillisch, K. (2014). Mindfulness-based stress reduction (mbsr) reduces anxiety, depression, and suicidal ideation in veterans. Medical Care, 52 (5), 19–24.

[136] Schreiner, I., & Malcolm, J. P. (2008). The benefits of

mindfulness meditation: changes in emotional states of depression, anxiety, and stress. Behaviour Change, 25（3）, 156–168.

［137］Shapiro, S. L., Carlson, L. E., Astin, J. A., & Freedman, B.（2006）. Mechanisms of mindfulness. Journal of Clinical Psychology, 62（3）, 373–386.

［138］Parrott, W. G., & Smith, R. H.（1993）. Distinguishing the experiences of envy and jealousy. Journal of Personality and Social Psychology, 64（6）, 906–920.

［139］Smith, R. H., & Kim, S. H.（2007）. Comprehending envy. Psychological Bulletin, 133（1）, 46–64.

［140］董霞,正念与嫉妒的关系及其作用机制. 2020,湖南师范大学.

［141］Rasmussen, M. K., & Pidgeon, A. M.（2011）. The direct and indirect benefits of dispositional mindfulness on self–esteem and social anxiety. Anxiety Stress Coping, 24（2）, 227–233.

［142］Pepping, C. A., O'Donovan, A., & Davis, P. J.（2013）. The positive effects of mindfulness on self–esteem. The Journal of Positive Psychology, 8（5）, 376–386.

［143］Greason, P. B., & Cashwell, C. S.（2009）. Mindfulness and counseling self–efficacy: the mediating role of attention and empathy. Counselor Education & Supervision, 49（1）, 2‒19.

［144］Takahashi, H., Kato, M., Matsuura, M., Mobbs, D., Suhara, T., & Okubo, Y.（2009）. When your gain is my pain and your pain is my gain: neural correlates of envy and schadenfreude. Science, 323（5916）, 937–939.

［145］Tesser, A., Millar, M., & Moore, J.（1988）. Some affective consequences of social comparison and reflection processes: the pain and pleasure of being close. Journal of Personality and Social Psychology, 54 (1), 49–61.

［146］Lange, J., & Crusius, J. (2015). Dispositional envy revisited: Unraveling the motivational dynamics of benign and malicious envy. Personality and Social Psychology Bulletin, 41, 284–294.

［147］Lange, J., Paulhus, D. L., & Crusius, J. (2018a). Elucidating the dark side of envy: Distinctive links of benign and malicious envy with dark personalities. Personality and Social Psychology Bulletin, 44, 601–614.

［148］Lange, J., Weidman, A. C., & Crusius, J. (2018b). The painful duality of envy: Evidence for an integrative theory and a meta-analysis on the relation of envy and schadenfreude. Journal of Personality and Social Psychology, 114, 572–598.

［149］Protasi, S. (2016). Varieties of envy. Philosophical Psychology, 29, 535–549.

［150］Rutter, M. (1985). Resilience in the face of adversity: Protective factors and resistance to psychiatric disorder. The British Journal of Psychiatry, 147 (6), 598–611.

［151］Connor, K. M., & Davidson, J. R. (2003). Development of a new resilience scale: The Connor - Davidson resilience scale (CD - RISC). Depression and Anxiety, 18 (2), 76–82.

［152］Kaplan, J. B., Bergman, A. L., Christopher, M., Bowen, S., & Hunsinger, M. (2017). Role of resilience in mindfulness training for first responders. Mindfulness, 8 (5), 1373–1380.

［153］Cazan, A. M., & Dumitrescu, S. A. (2016). Exploring the relationship between adolescent resilience, self-perception and locus of control. Romanian Journal of Experimental Applied Psychology, 7（1）, 283–286.

［154］Pagnini, F., Bercovitz, K., & Langer, E.（2016）. Perceived control and mindfulness: Implications for clinical practice. Journal of Psychotherapy Integration, 26（2）, 91.

［155］Wallston, K. A., Wallston, B. S., Smith, S., & Dobbins, C. J.（1987）. Perceived control and health. Current Psychology, 6（1）, 5–25.

［156］Çelik, D. A., Çetin, F., & Tutkun, E.（2015）. The role of proximal and distal resilience factors and locus of control in understanding hope, self–esteem and academic achievement among Turkish pre–adolescents. Current Psychology, 34（2）, 321–345.

［157］Vrabel, J. K., Zeigler–Hill, V., & Southard, A. C.（2018）. Self–esteem and envy: Is74 state self–esteem instability associated with the benign and malicious forms of envy? Personality and Individual Differences, 123, 100–104.

［158］Rentzsch, K., Schröder–Abé, M., & Schütz, A.（2015）. Envy mediates the relation between low academic self–esteem and hostile tendencies. Journal of Research in Personality, 58, 143–153.

［159］Kim, J., & Park, Y.（2018）. Malicious envy and benign envy in organization. Korean Journal of Industrial and Organizational Psychology, 31（1）, 103–121.

［160］Çelik, D. A., Çetin, F., & Tutkun, E.（2015）. The role of proximal and distal resilience factors and locus of control in understanding hope, self–esteem and academic achievement among Turkish pre–adolescents. Current Psychology, 34（2）, 321–345.

［161］董霞, 正念与嫉妒的关系及其作用机制.2020, 湖南师范

大学.

［162］S. G. Shamay-Tsoory, Y. Tibi-Elhanany, J. Aharon-Peretz. The green-eyed monster and malicious joy: the neuroanatomical bases of envy and gloating（schadenfreude）［J］. Brain, 2007, 130（6）: 1663-1678.

［163］J. Graff-Radford, J. L. Whitwell, Y. E. Geda, et al. Clinical and imaging features of Othello's syndrome［J］. European Journal of Neurology, 2012, 19（1）: 38-46.

［164］M. Poletti, G. Perugi, G. Logi, et al. Dopamine agonists and delusion of jealousy in Parkinson's disease: a crosssectional prevalence study ［J］. Movement Disorders, 2012, 27（13）: 1679-1682

［165］D. Marazziti, M. Poletti, L. Dell'Osso, et al. Prefrontal cortex, dopamine, and jealousy endophenotype［J］. CNS Spectr, 2013, 18（1）: 6-14.

［166］J. K. Rilling, J. T. Winslow, Kilts CD. The neural correlates of mate competition in dominant male rhesus macaques［J］. Biological Psychiatry, 2004, 56（5）: 364-375.

［167］H. Takahashi, M. Matsuura, N. Yahata, et al. Men and women show distinct brain activations during imagery of sexual and emotional infidelity［J］. NeuroImage, 2006, 32（3）: 1299-1307.

［168］Y. Sun, H. Yu, J. Chen, et al. Neural substrates and behavioral profiles of romantic jealousy and its temporal dynamics［J］. Scientific reports, 2016, 6（1）: 1-10.

［169］E. Harmon-Jones, C. K. Peterson, C. R. Harris. Jealousy: novel methods and neural correlates［J］. Emotion, 2009, 9（1）: 113.

［170］N. Steis, S. Oddo-Sommerfeld, G. Echterhoff, et al. The obsessions of the green-eyed monster: jealousy and the female brain [J]. Sexual and Relationship Therapy, 2021, 36 (1): 91-105.

[171] A. Bartels, S. Zeki. The neural correlates of maternal and romantic love [J]. Neuroimage, 2004, 21 (3): 1155-1166.

[172] A. Aron, H. Fisher, D. J. Mashek, et al. Reward, motivation and emotion systems associated with early stage intense romantic love [J]. Journal of neurophysiology, 2005, 94 (1): 327-337.

[173] H. Fisher, A. Aron, L. L. Brown. Romantic love: an fMRI study of a neural mechanism for mate choice [J]. Journal of Comparative Neurology, 2005, 493 (1): 58-62.

[174] M. Beauregard, J. Courtemanche, V. Paquette, et al. The neural basis of unconditioned love [J]. Psychiatry Research: Neuroimaging, 2009, 172 (2): 93-98.

[175] X. Xu, A. Aron, L. Brown, et al. Reward and motivation systems: a brain mapping study of early-stage intense romantic love in Chinese participants [J]. Human brain mapping, 2011, 32 (2): 249-257.

[176] S. Ortigue, F. Bianchi-Demicheli, N. Patel, et al. Neuroimaging of love: fMRI meta-analysis evidence toward new perspectives in sexual medicine [J]. The journal of sexual medicine, 2010, 7 (11): 3541-3552.

[177] J. P. Heaton. Central neuropharmacological agents and mechanisms in erectile dysfunction: the role of dopamine [J]. Neuroscience & Biobehavioral Reviews, 2000, 24 (5): 561-569.

[178] 郑晓晓，嫉妒特质的神经机制及催产素的调节作用研究. 2021，电子科技大学.

[179] Pfeiffer, S. M., & Wong, P. T. (1989). Multidimensional

jealousy.Journal of Social and Personal Relationships，6（2），181–196.

［180］ Parrott，W. G. （2001）. Emotions in social psychology: essential readings.

［181］王晓钧 .（2002）.嫉妒与人格的关系 .心理学报，34（2），175–182.

［182］陈俊嬴，（2014）.3~6 岁儿童嫉妒结构、发展特点及内在相关因素研究 .辽宁师范大学 .

［183］Parker，J. G.，Low，C. M.，Walker，A. R.，& Gamm，B. K..（2005）. Friendship jealousy in young adolescents: individual differences and links to sex，self–esteem，aggression，and social ad– justment. Developmental Psychology，41（1），235–250.

［184］Salovey，P.，& Rodin，J.（1989）. Envy and jealousy in close relationships.

［185］ Sharpsteen，& D.，J. （1993）.Romantic jealousy as an emotion concept: a prototype analysis. Jour– nal of Social and Personal Relationships，10（1），69–82.

［186］王晓钧 .（2001）.嫉妒反应结构模式与反应量表的同质性研究 .心理科学 .24（2），157–159.

［187］Parker，J. G.，& Gamm，B. K.（2003）. Describing the dark side of preadolescents' peer experiences: four questions （and data） on preadolescents" enemies. New Directions for Child & Adolescent Development，2003（102），55–72.

［188］杨亦飞 .（2019）.大学生友谊嫉妒问卷的编制及其应用研究 .河北师范大学 .

［189］Parker，J. G.，Low，C. M.，Walker，A. R.，& Gamm，B. K..（2005）. Friendship jealousy in young adolescents: individual differences and links to sex, self-esteem, aggression, and social ad- justment. Developmental Psychology, 41（1）, 235-250.

［190］吴莉娟，王佳宁，齐晓栋．（2016）.友谊嫉妒问卷在中小学生中应用的效度和信度.中国心理卫生杂志，30（2），133-137.

［191］陈艳霞．（2019）.大学生友谊嫉妒、成人依恋与情绪调节的关系.河北师范大学.

［192］冯克曼，王佳宁．（2017）.中学生道德推脱、自尊在友谊嫉妒和攻击关系中的中介作用.中国心理卫生杂志，31（10），803-808.

［193］赵明慧．（2012）.高中生人际关系嫉妒的质性研究.内蒙古师范大学.

［194］周宗奎，万晶晶．（2005）.初中生友谊特征与攻击行为的关系研究.心理科学，28（3），62- 64+61.

［195］孙佳山．（2018）.成人依恋对婚姻满意度的影响：情绪调节和应对方式的中介作用.哈尔滨工程大学.

［196］郭庆童．（2007）.大学生成人依恋与人格特质及应对方式的相关研究.东北师范大学.

［197］顾盼盼．（2004）.大学生成人依恋与心理控制源、一般自我效能感以及应对方式的关系研究.安徽医科大学.

［198］翟亚敏．（2016）.大学生成人依恋、应对方式与人际信任的关系.安徽师范大学.

［199］吕晓博．（2018）.大学生成人依恋与嫉妒体验的关系.吉林大学.

［200］Mikulincer, M., & Shaver, P. R.（2004）.Security-based self-representations in adulthood: Con- tents and processes. In W. S. R hole & J. A. Simpson （Eds.）, Adult attachment : Theory, research, and clinical implications，159–195.New Yoork: Guilford.

［201］冯传德．（2015）.大学生成人依恋、情绪智力、自尊与攻击行为的关系研究.天津大学.

［202］何影，张亚林，杨海燕，李丽，张迎黎．（2010）.大学生成人依恋及其与自尊、社会支持的关系.中国临床心理学杂志，18（2），117–119.

［203］罗贤，蒋柯．（2016）大学生的嫉妒体验及与依恋的关系.中国心理卫生杂志，30（3），231–236.

［204］唐海波，胡青竹．（2015）.大学生自我分化、成人依恋与嫉妒的关系.中国健康心理学杂志，23（5），105–108.

［205］李娜．（2012）.成人依恋、嫉妒和情绪调节的关系研究.西北师范大学.

［206］黄希庭，余华，郑涌，杨家忠，王卫红．（2000）.中学生应对方式的初步研究.心理科学，23（1），1–5.

［207］井世洁．（2010）.大学生的自尊、社会支持及控制点对应对方式的影响机制研究.心理科学，33（3），209–211.

［208］赵荣霞，王海民，阎克乐．（2002）.中学生应付方式、自尊、父母教养方式的相关研究.中国行为医学科学，11（6），696–697.

［209］陈红，黄希庭，郭成．（2002）.中学生人格特征与应对方式的相关研究.心理科学，25（5），520– 522.

［210］焦金梅．（2010）.大专生的嫉妒及其与情绪调节、应对方式的关系.东北师范大学.

［211］杨光艳．（2007）.嫉妒及影响因素与心理健康的因果模型研究.陕西师范大学.

［212］李姗．（2014）.大学生嫉妒与应对方式的关系——自尊的调节作用.湖南师范大学.

［213］何腾腾，张进辅．（2012）．大学生内控性嫉妒与自尊相关性分析．中国学校卫生，33（10），102-104.

［214］王敏．（2017）．高中生父母教养方式、自尊与嫉妒心理的关系研究．河北大学．

［215］胡芸，张荣娟，李文虎．（2005）．嫉妒与自尊、一般自我效能感的相关研究．中国临床心理学杂志13（2），165-166，172.

［216］Neubauer P B . The importance of the sibling experience. Psychoanalytic Study of the Child，1983，38（1）:325.

［217］Miller A L ，Volling B L ，Mcelwain N L . Sibling Jealousy in a Triadic Context with Mothers and Fathers. Social Development，2000，9（4）:25.

［218］Volling B L ，Mcelwain N L ，Notaro P C ，et al. Parents' emotional availability and infant emotional competence: Predictors of parent-infant attachment and emerging self-regulation. Journal of Family Psychology，2002，16（4）:447-465.

［219］Lennon R ，Eisenberg N ，Carroll J . The assessment of empathy in early childhood. Journal of Applied Developmental Psychology，1983，4（3）:295-302.

［220］李文轩．同胞关系下小学头胎儿童的嫉妒与情绪调节能力：父亲教养方式的调节作用．西华师范大学．

［221］Raver C C ，Knitzer J . Ready to Enter: What Research Tells Policymakers About Strategies to Promote Social and Emotional School Readiness Among Three- and Four-Year-Old Children. Working Papers，2002:29.

［222］贾海艳，方平．青少年情绪调节策略和父母教养方式的关系．心理科学，2004，27（5）:1095-1099.

［223］Eisenberg N , Champion C , Ma Y . Emotion-Related Regulation: An Emerging Construct. Merrill-Palmer Quarterly, 2004, 50 （3）:236-259.

［224］Ekas N V , Braungart-Rieker J M , Lickenbrock D M. Toddler Emotion Regulation With Mothers and Fathers: Temporal Associations Between Negative Affect and Behavioral Strategies. Infancy, 2011, 16 （3）:266-294.

［225］Paquette D , Ren é Carbonneau, Dubeau D . Prevalence of father-child rough-and-tumble play and physical aggression in preschool children. European Journal of Psychology of Education, 2003, 18 （2）:171-189.

［226］Hagman A. Father-child play behaviours and child emotion regulation. Dissertations&Theses-Gradworks, 2014.

［227］Vazire, S. and M.R. Mehl, Knowing me, knowing you: the accuracy and unique predictive validity of self-ratings and other-ratings of daily behavior. Journal of personality and social psychology, 2008. 95（5）: p. 1202.

［228］Christensen, A., M. Sullaway, and C.E. King, Systematic error in behavioral reports of dyadic interaction: Egocentric bias and content effects. Behavioral Assessment, 1983.

［229］Hart, S.L. and K.Y. Behrens, Affective and behavioral features of jealousy protest: Associations with child temperament, maternal interaction style, and attachment. Infancy, 2012.

［230］Bauminger-Zviely, N. and D.S. Kugelmass, Mother-stranger comparisons of social attention in jealousy context and attachment in HFASD and typical preschoolers. J Abnorm Child Psychol, 2013. 41（2）: p. 253-

264.

［231］Bauminger, N., et al., Jealousy and emotional responsiveness in young children with ASD. Cognition & Emotion, 2008. 22（4）: p. 595–619.

［232］张厚粲，徐建平，现代心理与教育统计学（修订版）. 2004，北京师范大学出版社.

［233］Crocker, J. and L.E. Park, The costly pursuit of self-esteem. Psychological bulletin, 2004. 130（3）

p. 392.

［234］张丽华，3-9 岁儿童自尊结构，发展特点及其相关影响因素的研究. 辽宁师范大学. 2004.

［235］姚伟，婴幼儿积极的自我概念的形成与健康人格的建构. 学前教育研究，1997. 5: p. 8-9.

［236］Li Changmin, L.B., An Investigation on the development of self-esteem and inferiority in preschoolers, in Preceedings of the AFRO-ASIAN Psychological Congress. 1993 Bei Jing University Press.

［237］Fogel, A., Infancy: Infant, family, and society. 1991: West Publishing Co.

［238］Schuster, B., D.N. Ruble, and F.E. Weinert, Causal inferences and the positivity bias in children: The role of the covariation principle. Child Development, 1998. 69（6）: p. 1577–1596.

［239］高雯，杨丽珠，年幼儿童特质稳定性理解的乐观主义. 辽宁师范大学学报：社会科学版，2005. 28（3）: p. 45–49.

［240］徐敏，4-6 岁幼儿自我认知积极偏向发展特点及其相关影响因素. 2013，辽宁师范大学.

［241］陆芳，陈国鹏，学龄前儿童情绪调节策略的发展研究. 心

理科学，2007. 30（5）: p. 1202-1204.

［242］肖颖，3-5岁儿童情绪调节策略及情绪调节认知的发展研究.
2010，辽宁师范大学.

［243］沈悦，幼儿自我控制的发展特点及影响机制研究. 2011 辽
宁师范大学.

［244］Eisenberger，N.I.，S.L. Gable，and M.D. Lieberman，
Functional magnetic resonance imaging responses relate to differences in real-
world social experience. Emotion，2007. 7（4）: p. 745.

［245］Eisenberger，N.I.，M.D. Lieberman，and K.D. Williams，
Does rejection hurt? An fMRI study of social exclusion. Science，2003. 302
（5643）: p. 290-292.

［246］Jhou，T.，Neural mechanisms of freezing and passive aversive
behaviors. Journal of Comparative Neurology，2005. 493（1）: p. 111-114.

［247］Bault，N.，et al.，Medial prefrontal cortex and striatum
mediate the influence of social comparison on the decision process. Proceedings
of the National Academy of Sciences，2011. 108（38）: p. 16044-16049.

［248］Takahashi，H.，et al.，Men and women show distinct brain
activations during imagery of sexual and emotional infidelity. NeuroImage，
2006. 32（3）: p. 1299-1307.

［249］O' Doherty，J.P.，Reward representations and reward-related
learning in the human brain: insights from neuroimaging. Current opinion in
neurobiology，2004. 14（6）: p. 769-776.

［250］Casey，B.，et al.，A developmental functional MRI study
of prefrontal activation during performance of a go-no-go task. Journal of
cognitive neuroscience，1997. 9（6）: p. 835-847.

［251］Gogtay，N.，et al.，Dynamic mapping of human cortical

development during childhood through early adulthood. Proceedings of the National Academy of Sciences of the United States of America, 2004. 101(21): p. 8174–8179.

［252］Dolan, R.J., The human amygdala and orbital prefrontal cortex in behavioural regulation. Philosophical Transactions of the Royal Society B: Biological Sciences, 2007. 362（1481）: p. 787–799.

［253］杨苏勇等. 情绪影响行为抑制的脑机制. 心理科学进展, 2010（4）: p. 605–615.

［254］Shafritz, K.M., S.H. Collins, and H.P. Blumberg, The interaction of emotional and cognitive neural systems in emotionally guided response inhibition. Neuroimage, 2006. 31（1）: p. 468–475.

［255］陈向明, 质性研究方法与社会科学研究. 教育科学出版社, 北京, 2000.

［256］Tracy, J.L. and R.W. Robins, Self-conscious emotions: Where self and emotion meet. The Self in Social Psychology, 2007: p. 187–209.

［257］叶浩生, 王继瑛, 质化研究: 心理学研究方法的范式革命. 心理科学, 2008. 31（4）: p. 794–799.

［258］俞国良, 自强, 社会性发展心理学. 2006: 安徽教育出版社.

［259］Bauminger-Zvieli, N. and D.S. Kugelmass, Mother‐Stranger Comparisons of Social Attention in Jealousy Context and Attachment in HFASD and Typical Preschoolers. Journal of abnormal child psychology, 2013. 41(2): p. 253–264.

［260］皮亚杰, 王宪钿译, 发生认识论原理. 1995, 商务印书馆.

［261］杨丽珠, 沈悦. 儿童自我控制的发展与促进. 2013, 安徽教育出版社.

［262］Kopp, C.B., Antecedents of self-regulation: a developmental perspective. Developmental Psychology, 1982. 18（2）: p. 199.

［263］Lazarus, R.S. and J.R. Averill, Emotion and cognition: With special reference to anxiety. Anxiety: Current trends in theory and research, 1972. 2: p. 242-284.

［264］Wimmer, H. and J. Perner, Beliefs about beliefs: Representation and constraining function of wrong beliefs in young children's understanding of deception. Cognition, 1983. 13（1）: p. 103-128.

［265］温忠麟 and 叶宝娟, 中介效应分析\方法和模型发展. 心理科学进展, 2014. 22（5）: p. 731-745.

［266］Tang, D. and B.J. Schmeichel, Stopping anger and anxiety: Evidence that inhibitory ability predicts negative emotional responding. Cognition & emotion, 2014. 28（1）: p. 132-142.

［267］Foran, H.M. and K.D. O'Leary, Problem drinking, jealousy, and anger control: Variables predicting physical aggression against a partner. Journal of Family Violence, 2008. 23（3）: p. 141-148.

［268］Zelazo, P., Mu ller, U.（2002）. Executive function in typical and atypical development. Blackwell handbook of childhood cognitive development: p. 445Å469.

［269］Rhoades, B.L., M.T. Greenberg, and C.E. Domitrovich, The contribution of inhibitory control to preschoolers' social‐emotional competence. Journal of Applied Developmental Psychology, 2009. 30（3）: p. 310-320.

［270］Harris, P.L., et al., Young children's theory of mind and emotion. Cognition & Emotion, 1989. 3（4）: p. 379-400.

［271］Heerey, E.A., D. Keltner, and L.M. Capps, Making sense of self-conscious emotion: linking theory of mind and emotion in children with autism. Emotion, 2003. 3（4）: p. 394.

［272］Wellman, H.M., Cross, D., & Watson, J., Meta-analysis of theory-of-mind development: the truth about false belief. Child development, 2001. 72（3）: p. 655-684.

［273］王益文 and 张文新, 3~6 岁儿童 "心理理论" 的发展. 心理发展与教育, 2002. 1（11）.

［274］Henry, J.D., et al., A meta-analytic review of age differences in theory of mind. Psychology and aging, 2013. 28（3）: p. 826.

［275］Carlson, S.M. and L.J. Moses, Individual differences in inhibitory control and children's theory of mind. Child development, 2001. 72（4）: p. 1032-1053.

［276］Perner, J., B. Lang, and D. Kloo, Theory of mind and self - control: more than a common problem of inhibition. Child development, 2002. 73（3）: p. 752-767.

［277］Herrmann, E., et al., Humans have evolved specialized skills of social cognition: the cultural intelligence hypothesis. science, 2007. 317（5843）: p. 1360-1366.

［278］Rauer, A.J., & Volling, B. L., Differential parenting and sibling jealousy: Developmental correlates of young adults' romantic relationships. Personal Relationships, 2007. 14（4）: p. 495-511.

［279］Mathes, E.W., A cognitive theory of jealousy. The psychology of jealousy and envy, 1991: p. 52-78.

［280］Tangney, J.P., R.F. Baumeister, and A.L. Boone, High self - control predicts good adjustment, less pathology, better grades, and interpersonal success. Journal of personality, 2004. 72（2）: p. 271-324.

［281］Hughes, C. and J. Russell, Autistic children's difficulty with mental disengagement from an object: Its implications for theories of autism. Developmental psychology, 1993. 29（3）: p. 498.

［282］Sagarin, B.J., et al., Sex differences in jealousy: a meta-analytic examination. Evolution and Human Behavior, 2012. 33（6）: p. 595-614.

［283］O'Connor, J.J.M. and D.R. Feinberg, The influence of facial masculinity and voice pitch on jealousy and perceptions of intrasexual rivalry. Personality and Individual Differences, 2012. 52（3）: p. 369-373.

［284］Schü tzwohl, A. and S. Koch, Sex differences in jealousy: The recall of cues to sexual and emotional infidelity in personally more and less threatening context conditions. Evolution and Human Behavior, 2004. 25（4）: p. 249-257.

［285］Mildner, V., The cognitive neuroscience of human communication. 2008: Taylor & Francis.

［286］Saxe, R., L.E. Schulz, and Y.V. Jiang, Reading minds versus following rules: Dissociating theory of mind and executive control in the brain. Social Neuroscience, 2006. 1（3-4）: p. 284-298.

［287］Harmon-Jones, E., C.K. Peterson, and C.R. Harris, Jealousy: novel methods and neural correlates. Emotion, 2009. 9（1）: p. 113-117.

［288］Carlson, S.M., L.J. Moses, and H.R. Hix, The role of inhibitory processes in young children's difficulties with deception and false belief. Child development, 1998. 69（3）: p. 672-691.

［289］Moses, L.J., Executive Accounts of Theory - of - Mind Development. Child Development, 2001. 72（3）: p. 688-690.

［290］Hughes, C. and J. Dunn, Understanding mind and emotion:

Longitudinal associations with mental-state talk between young friends. Developmental Psychology, 1998. 34（5）: p. 1026.

［291］Volling B L. Situational affect and temperament: Implications for sibling caregiving［J］. Infant

& Child Development, 2010, 13（2）:173-183.

［292］Davidson D . The Role of Basic, Self-Conscious and Self-Conscious Evaluative Emotions in

Children's Memory and Understanding of Emotion. Motivation & Emotion, 2006, 30（3）:232-242.

［293］Daly M, Wilson M I, Weghorst S J. Male sexual jealousy. Ethology & Sociobiology, 1982,

3（1）:11-27.

［294］Buss D M . The Evolution of Human Mating. Acta Psychologica Sinica, 2007, 39（3）:502-512.

［295］李浩然, 杨治良. 嫉妒性别差异的进化心理学理论与实证研究. 心理科学, 2008, 31（4）:966-970

［296］Culotta C , Goldstein S . Adolescents' Aggressive and Prosocial Behavior: Associations With

Jealousy and Social Anxiety. Journal of Genetic Psychology, 2008, 169（1）:21-33..

［297］夏冰丽. 内隐嫉妒与内隐自尊的关系. 河南大学, 2009.

［298］Fischer, Agneta H . Gender, sadness, and depression: The development of emotional focus

through gendered discourse. Cambridge University Press, 2000.

［299］刘琴, 周世杰, 杨红君. 大学生的父母教养方式特点分析. 中国临床心理学杂志, 2009,

17（6）.

［300］董光恒，杨丽珠，邹萍 . 父亲在儿童成长中的家庭角色与作用 . 中国心理卫生杂志，

2006（10）：689-691.

［301］陈会昌，张宏学，阴军莉等 . 父亲教养态度与儿童在 4 ~ 7 岁间的问题行为和学校适应 .

心理科学， 2004， 27（5）：1041-1045.

［302］Thompson J A ， Halberstadt A G . Children's Accounts of Sibling Jealousy and Their Implicit

Theories about Relationships. Social Development， 2008， 17（3）:24.

［303］程利， 袁加锦， 何媛媛 . 情绪调节策略：认知重评优于表达抑制 . 心理科学进展， 2009， 17（4）:730-735.

［304］Stocker C M ， Burwell R A ， Briggs M L . Sibling conflict in middle childhood predicts children's adjustment in early adolescence. Journal of Family Psychology， 2002， 16（1）:50-57.

［305］李国露 . 初中生负性情绪特点及其调节策略的调查 . 吉林：东北师范大学， 2012.

［306］Volling B L. Situational affect and temperament: Implications for sibling caregiving. Infant

& Child Development， 2010， 13（2）:173-183.

附　录

附录1

幼儿教育问卷（教师版）

幼儿园名称：　　　　教师姓名：　　　　年龄（周岁）：

尊敬的老师您好！

　　请用您知道的词汇，描述班级里12名您最熟悉的幼儿的嫉妒特点（嫉妒表现强、中、弱的各4名），男女各半，并列出幼儿相应的行为及引发的事件或情境。本调查仅供研究参考，不会对您和所评价的幼儿产生任何影响。谢谢您的合作！

幼儿姓名：　　　　性别：　　　　出生年月：

嫉妒特征	相应的行为	引发的事件或情境

附录2

幼儿教育问卷（家长版）

幼儿所在班级：　　　　　家长姓名：　　　　　年龄（周岁）：

尊敬的家长您好！

　　请用您知道的词汇，描述孩子的嫉妒特点（嫉妒表现强、中、弱的各4名），并列出相应的行为及引发的事件或情境。本调查仅供研究参考，不会对您和孩子产生任何影响。谢谢您的合作！

幼儿姓名：　　　　性别：　　出生年月：

嫉妒特征	相应的行为	引发的事件或情境

附录3

3~6岁儿童嫉妒教师评定问卷

尊敬的老师：您好！

本问卷只做研究用，不对幼儿进行评价，请你根据您的观察和了解如实填写问卷。

幼儿嫉妒时通常会有两种行为表现，一是引起对方的注意，如争宠、站起来说我也好、我也乖、我想妈妈了等；二是试图阻止，如不服气、生气、哭、说回家吧、他/她不对等。如果这名幼儿不嫉妒，请您在"1"上画圈；如果这名幼儿有一些嫉妒，请您在"3"上画圈；如果这名幼儿会非常嫉妒，请您在"5"上画圈，依此类推。这些问题的答案没有正确和错误之分，请您一定要根据幼儿的真实情况填写，请不要误答或漏答。

本问卷信息绝对保密，统计后原始数据将密封存档，不会造成信息外泄，感谢您的支持和合作！

教师姓名：　　所在班级：　　幼儿姓名：

幼儿性别：　　出生日期：

　　　　　　　　　　　从不　　有一点　　不确定　　有一些　　非常

1. 当家长抱起其他小朋友的时候，他/她会试图阻止吗（如说回家吧，或者不高兴、哭闹）？

　　　　　　　　　1　　　2　　　　3　　　　4　　　　5

　　　　　　　　　从不　　有一点　　不确定　　有一些　　非常

2. 你和其他小朋友说话的时候，他 / 她会嫉妒吗？

　　　　　　　　　　　1　　　2　　　　3　　　　4　　　　5

3. 你表扬其他小朋友的时候，他 / 她会试图引起你的关注吗？

　　　　　　　　　　　1　　　2　　　　3　　　　4　　　　5

4. 如果有小朋友哭了你去抱，他 / 她会（说我想妈妈了）试图吸引你的注意力吗？

　　　　　　　　　　　1　　　2　　　　3　　　　4　　　　5

5. 当您关注其他孩子的时候，他 / 她会（拉拉你的手或是拍拍你）主动引起你的注意吗？

　　　　　　　　　　　1　　　2　　　　3　　　　4　　　　5

6. 在角色游戏中，别人选择她喜欢的角色时会嫉妒吗？

　　　　　　　　　　　1　　　2　　　　3　　　　4　　　　5

7. 在学习和游戏活动中，他 / 她一定要比别人做的好，不许别人比他 / 她好？

　　　　　　　　　　　1　　　2　　　　3　　　　4　　　　5

8. 爸爸 / 妈妈夸其他小朋友漂亮，他 / 她会嫉妒吗？

　　　　　　　　　　　1　　　2　　　　3　　　　4　　　　5

9. 他 / 她希望自己的东西是唯一的，甚至最好的吗？

　　　　　　　　　　　1　　　2　　　　3　　　　4　　　　5

10. 爸爸 / 妈妈夸其他小朋友比他 / 她漂亮，他 / 她会嫉妒吗？

　　　　　　　　　　　1　　　2　　　　3　　　　4　　　　5

11. 他 / 她会要求玩的玩具比别人的好吗？

　　　　　　　　　　　1　　　2　　　　3　　　　4　　　　5

12. 他 / 她会嫉妒同伴有更好的表现吗？

　　　　　　　　　　　1　　　2　　　　3　　　　4　　　　5

后　记

本书主要是由我的论文丰富而成。写博士论文的这几个月，我对时间的概念总是不清晰，蜗居在宿舍，常常分不清黄昏和黎明。直到有一天走在温煦的阳光里，感受到和暖的南风，看见草绿花开，才明白冬天已经过去，春天悄然到来。

初识

作家柳青在《创业史》开篇写道："人生的道路虽然漫长，但要紧处常常只有几步，特别是当人年轻的时候。"起初不觉得这句话有什么意义，如今深感意味绵长。回想起在辽宁师范大学的六年时光，考入杨丽珠教授的门下成为她的博士研究生，对我是有里程碑意义的事件。考博之前就知道杨先生是心理学权威，是辽宁师范大学的顶级教授，对杨先生更多的景仰和崇拜。拜读过杨先生的一系列大作，特别是杨先生指导我的博士论文之后，这种景仰和崇敬慢慢转变为一种强烈的认同——杨先生不仅仅是大学者，更是难得的好博导。当我终于成了杨先生的学生，我感觉非常自豪和光荣，梦想着能在先生的指引下，走上心理学研究的大道。理想虽好，但我的心里是没有底气的，毕竟我缺乏心理学的教育背景，对于心理学研究的理论、逻辑和方法往往一知半解。这种不安一直伴随着我，直到我在杨先生指导下开展工作才慢慢淡化。

砥砺

学道不难伶俐，难于慎重；发心不难勇锐，难于持久。先生虽然年近古稀，但精神矍铄，精力充沛，每周工作 6 天，经常工作到深夜。即便因为工作身处外地，仍然经常关心我的工作进展。先生在学术上以身垂范，从不降低标准，堪称严师。针对我的情况，先生指导我学习相关的文献，安排我积极参与师兄师姐的研究，在实践中熟悉心理学研究的思路和方法，努力弥补基础知识和专业素养上的不足。先生还亲自带我参加心理学的专业会议，给我学习成长的机会。先生常说，所有的学生都是她的孩子，对我们这些研究生，她是作为学术继承者对待的。这些年来，我因为自己不够成熟懂事受到先生的不少批评。通过学习、实践和反思，在先生的指导下，我在学术上逐渐成长成熟起来，学会了像先生一样思考学术问题。除了学术上的锻炼，先生对我的培养是全方位的。先生常说，开展心理学研究绝不能单打独斗，好的研究离不开团队。越是长期大型系统的研究，越需要团队的配合和协作。为了培养和锻炼我的组织能力，先生会分配一些任务让我完成。一开始我还不太理解先生的用意，甚至觉得会分散做研究的精力，可我还是按照先生的话做了。几年时间下来，我发现自己的组织和协调能力有了很大提升，面对需要跟其他人沟通和协作的场合能够比较得心应手，至此方懂得先生的一片苦心。

润物

除了严师，生活中先生有另外的一面，就是慈爱的长辈。严肃的学术研究其实是一件比较枯燥的工作，而作为一个博士生，又有着发表文章和毕业的压力。每每遇到学术上的难题，或者生活中的挫折，我的心情往往阴霾一片。发觉我情绪低落的时候，先生总是安慰和鼓励我，先生的话语就像迷雾中的灯塔，给我信心和勇气。在陪先生回家的小路上，我会挽起先生的手臂，聊聊最近的收获和烦恼。而每逢节日，先生总会想起我，请我到家中聚餐，用温情和美食款待我。在我工作进展不利时，先生甚至比我还着急，经常催促我改进，并想方设法帮助我提高水平。

感恩

感谢我的导师杨丽珠先生。先生对学术的孜孜以求和一丝不苟，对研究工作的热爱和付出，对教书育人的使命精神和责任意识，深深影响了我。这篇论文离不开您的开阔的学术眼界，深厚的学术积累，严谨的治学精神。可以说，如果没有您的指导，就不会有这篇论文的产生。您的治学精神、学术水平和工作态度，都将是我毕生学习的榜样。

感谢在博士论文开题提出的批评和建议的刘红云老师、张奇老师、罗文波老师、李富洪老师、常若松老师，是你们的无私的指导和帮助，使我的试验设计更加科学完备，避免了设计缺陷，少走了弯路。感谢王淑梅园长在我开展实验阶段的大力协助。感谢马世超在统计分析工作上的指导和帮助。感谢冷海洲、杨姗姗、王艳荣、王莹、王美饿、张佳琦、张成宽在论文写作和校对上的建议和帮助。感谢高斌提供的宝贵资料。

感谢北部战区幼儿园的园长、全体教师和小朋友们帮我完成了问卷的调查，为本研究提供了第一手的数据和资料。

感谢辽宁师范大学心理学院的领导、老师和关心我的朋友们，感谢你们一路的关心、帮助和陪伴。

落红不是无情物，化作春泥更护花。三年的博士求学生涯即将进入尾声，我愿意把感恩之情藏在心底，带着这些年的美好回忆，带上师长同伴的祝福，努力工作，继续前行。